WOW!
多品牌成就王品

高端訓

著

398 李仁芳博士 策劃
實戰智慧館

在此時此地推出《實戰智慧館》，基於下列兩個重要理由：其一，台灣社會經濟發展已到達了面對現實強烈競爭時，迫切渴求實際指導知識的階段，以尋求贏的策略；其二，我們的商業活動，也已從國內競爭的基礎擴大到國際競爭的新領域，數十年來，歷經大大小小商戰，積存了點點滴滴的實戰經驗，也確實到了整理彙編的時刻，把這些智慧留下來，以求未來面對更嚴酷的挑戰時，能有所憑藉與突破。

我們特別強調「實戰」，因為我們認為唯有在面對競爭對手強而有力的挑戰與壓力之下，為了求生、求勝而擬定的種種決策和執行過程，最值得我們珍惜。經驗來自每一場硬仗，所有的勝利成果，都是靠著參與者小心翼翼、步步為營而得到的。我們現在與未來最需要的是腳踏實地的「行動家」，而不是缺乏實際商場作戰經驗、徒憑理想的「空想家」。

我們重視「智慧」。「智慧」是衝破難局、克敵致勝的關鍵所在。在實戰中，若缺乏智慧的導引，只恃暴虎馮河之勇，與莽夫有什麼不一樣？翻開行銷史上赫赫戰役，都是以智取勝，才能建立起榮耀的殿堂。孫子兵法云：「兵者，詭道也。」意思也明指在競爭場上，智慧的重要性與不可取代性。

《實戰智慧館》的基本精神就是提供實戰經驗，啟發經營智慧。每本書都以人人可以懂的文字語言，綜述整理，為未來建立「中國式管理」，鋪設

牢固的基礎。

遠流出版公司《實戰智慧館》將繼續選擇優良讀物呈獻給國人。一方面請專人蒐集歐、美、日最新有關這類書籍譯介出版；另一方面，約聘專家學者對國人累積的經驗智慧，作深入的整編與研究。我們希望這兩條源流並行不悖，前者汲取先進國家的智慧，作為他山之石；後者則是強固我們經營根本的唯一門徑。今天不做，明天會後悔的事，就必須立即去做。台灣經濟的前途，或亦繫於有心人士，一起來參與譯介或撰述，集涓滴成洪流，為明日台灣的繁榮共同奮鬥。

這套叢書的前五十三種，我們請到周浩正先生主持，他為叢書開拓了可觀的視野，奠定了扎實的基礎；從第五十四種起，由蘇拾平先生主編，由於他有在傳播媒體工作的經驗，更豐實了叢書的內容；自第一一六種起，由鄭書慧先生接手主編，他個人在實務工作上有豐富的操作經驗；自第一三九種起，由政大科管所教授李仁芳博士擔任策劃，希望借重他在學界、企業界及出版界的長期工作心得，能為叢書的未來，繼續開創「前瞻」、「深廣」與「務實」的遠景。

企業人一向是社經變局的敏銳嗅覺者,更是最踏實的務實主義者。

九〇年代,意識形態的對抗雖然過去,產業戰爭的時代卻正方興未艾。

九〇年代的世界是霸權顛覆、典範轉移的年代:政治上蘇聯解體;經濟上,通用汽車(GM)、IBM虧損累累——昔日帝國威勢不再,風華盡失。

九〇年代的台灣是價值重估、資源重分配的年代:政治上,當年的嫡系一夕之間變偏房;經濟上,「大陸中國」即將成為「海洋台灣」勃興「鉅型跨國工業公司(Giant Multinational Industrial Corporations)的關鍵槓桿因素。「大陸因子」正在改變企業集團掌控資源能力的排序——五年之內,台灣大企業的排名勢將出現嶄新次序。

企業人(追求筆直上昇精神的企業人!)如何在亂世(政治)與亂市(經濟)中求生?

外在環境一片驚濤駭浪,如果未能抓準新世界的砥柱南針,在舊世界獲利最多者,在新世界將受傷最大。

亂世浮生中,如果能堅守正確的安身立命之道,在舊世界身處權勢邊陲弱勢者,在新世界將掌控權勢舞台新中央。

《實戰智慧館》所提出的視野與觀點，綜合來看，盼望可以讓台灣、香港、大陸，乃至全球華人經濟圈的企業人，能夠在亂世中智珠在握、回歸基本，不致目眩神迷，在企業生涯與個人前程規劃中，亂了章法。

四十年篳路藍縷，八百億美元出口創匯的產業台灣（Corporate Taiwan）經驗，需要從產業史的角度記錄、分析，讓台灣產業有史為鑑，以通古今之變，俾能鑑往知來。

《實戰智慧館》將註記環境今昔之變，詮釋組織興衰之理。加緊台灣產業史、企業史的紀錄與分析工作。從本土產業、企業發展經驗中，提煉台灣自己的組織語彙與管理思想典範。切實協助台灣產業能有史為鑑，知興亡、知得失，並進而提升台灣乃至華人經濟圈的生產力。

我們深深確信，植根於本土經驗的經營實戰智慧是絕對無可替代的。另一方面，我們也要留心蒐集、篩選歐美日等產業先進國家，與全球產業競局的著名商戰戰役，與領軍作戰企業執行首長深具啟發性的動人事蹟，加上本叢書譯介出版，俾益我們的企業人汲取其實戰智慧，作為自我攻錯的他山之石。

追求筆直上昇精神的企業人！無論在舊世界中，你的地位與勝負如何，在

舊典範大滅絕、新秩序大勃興的九〇年代，《實戰智慧館》會是你個人前程與事業生涯規劃中極具座標參考作用的羅盤，也將是每個企業人往二十一世紀新世界的探險旅程中，協助你抓準航向，亂中求勝的正確新地圖。

策劃者簡介

李仁芳教授，一九五一年出生於台北新莊。曾任政治大學科技管理研究所所長，輔仁大學管理學研究所所長，企管系主任，現為政大科技管理研究所教授，主授「創新管理」與「組織理論」，並擔任行政院國家發展基金創業投資審議會審議委員，交銀第一創投股份有限公司董事，經濟部工業局創意生活產業計畫共同召集人，中華民國科技管理學會理事，學學文化創意基金會董事，文化創意產業協會理事，陳茂榜工商發展基金會董事。近年研究工作重點在台灣產業史的記錄與分析。著有《管理心靈》、《7-ELEVEN 統一超商縱橫台灣》等書。

目錄

推薦序 人人都可成為王品！

這不是推薦序，而是公布！

1. 王品是全球多品牌餐飲極少數成功的例子。大多數的餐飲企業，只有主品牌強，其他品牌相對的很弱。因此，所謂「餐飲集團」，其實只是「單品牌公司」而已。

2. 很多同業、學界都在研究，「王品為何每出一個品牌都廣受歡迎？」眾說紛紜，沒有統一答案。

3. 現在，謎底揭曉了，全部秘密都在這本《WOW！多品牌成就王品》一書中，幕後操盤手就是品牌副總高端訓。

4. 王品沒有任何秘密，凡事都毫無保留地公開，所以也希望將此書獻給所有想從事餐飲的朋友們。

5. 這是一本「教科書、工具書、Case Study 書」，更是多品牌的葵花寶典，把它念完做到，人人都可成為王品！

6. 你準備好了嗎？泡杯熱茶，坐在舒服的案前，一個字一個字讀下去……你將會豁然開朗，相見恨晚。

戴勝益
王品集團董事長

推薦序 多品牌的一頁傳奇

▷ 品牌部是個星相家，要預測未來，掌握趨勢。每年的 7 月，要對王品中常會提出「大視界」簡報，做為年度策略展開的序曲。

▷ 品牌部是個創業夥伴。任何新品牌的創立，與創業獅王一起考察市場，提出調查報告與建議，成為創業的最佳參考，是獅王的有力依靠。

▷ 品牌部是各事業處的研發團隊成員。對菜色提出有力觀點，以符合品牌定位及消費者偏好。

▷ 品牌部是各事業處的品牌守門員。每一季的策略與業績檢討，總能站在顧客角度，提出建言。

▷ 品牌部是個上市公司。每半年提出《顧客紅皮書》（半年報），徹底為各事業處的品牌經營把脈與診斷。

▷ 品牌部永遠不會滿足現況。因為最好的還沒生出來，不停地提出更好的方案，非常勇於嘗新。

▷ 品牌部每年的集團策略規劃，總是提出亮眼的策略：2008 的直效行銷年、2009 的異業合作年、2010 的行動行銷年、2011 的千店思維年、2012 的國際行銷年，不斷地挑戰自己，迎向更大考驗。

▷ 品牌部孕育經營人才。在各事業處主管出缺時，公司決策層總是有人建議品牌部成員。

▷ 品牌部是多產的母親。協助王品成為餐飲業的多品牌創造者，更讓各個品牌引領風騷。

品牌部在王品，不只是一個發想、提出觀點的部門，更像是一個營運事業處的先鋒部隊與智囊團，在 Simon 的帶領下，這支隊伍為王品的每一個品牌催生，並賦予獨特的品牌定位，吸引市場上的顧客群，成為受人喜愛的品牌。

Simon 在奧美的歷練，加上本身的獨到眼光，創造品牌部的一頁傳奇，讓王品擁有多品牌的管理與行銷能力。

這本書把王品的多品牌經營經驗毫無保留地曝光，有志於發展多品牌或研究行銷者絕對如獲至寶，不必四處碰撞摸索，就能找到一條最好的途徑。

若你以為 Simon 是王品最厲害的人，那你就錯了，因為王品臥虎藏龍、人才輩出，Simon 只是笨鳥先飛，較早出書罷了！（王品人愛說故事，更愛說笑，哈哈！）

王國雄
王品集團副董事長

推薦序 品牌操盤手的不凡功夫

在台灣興起的品牌企業中，「王品」稱得上是傳奇中的傳奇。這是一個真正相信「文化涵養品牌」，並從而走出自己品牌之路的故事。

當初，戴勝益董事長選擇了再傳統不過的餐飲業，卻以他獨特的分享哲學建立經營理念，打造出活力十足又內聚強勁的企業文化。在「王品」成為人們津津樂道的喜愛品牌之前，「王品人」早已認同了這個企業的價值，以身為企業的一份子為榮，且熱心要做「王品」品牌的代言人。

「王品」是少數由內而外、一步一腳印由口碑建立起來的扎實品牌。走進「王品」的顧客，都會一而再、再而三地從「王品人」的服務中，經歷到這個品牌所承諾的核心價值。品牌經營者都知道，品牌價值是由顧客點點滴滴所經驗的每一個細節中去完成的，而「王品人」正是比顧客還看重這些細緻服務的人。

戴董事長無疑是「王品」這個品牌背後最重要的靈魂人物，他的思維、性格、態度、一言一行，在在影響了「王品」品牌的內涵與形塑。然而，當王品企業旗下的品牌，從一個王品牛排發展到西堤、陶板屋、原燒、聚、藝奇……等十一個品牌時，就不是一個創業者隻手能完成的事業，而要看他如何慧眼識英雄，能找進什麼樣的專業人才，建立起什麼樣的專業團隊了。

2002 年，戴董事長找到剛離開奧美集團不久的高端訓，以他一貫「高感動、高價值」的說服力，邀請到端訓這位「奧美人」成為了「王品人」，做為王品日後完成品牌重新定位、發展多品牌延伸策略，以及深化品牌價值等長達十年品牌作為的操盤手。戴董事長再次證明了他的識人眼光，而端訓也證明了他從奧美到王品，一切對品牌所學、所思、所做多年的功夫，確已有了不凡的功力。

我認識端訓近二十年，深知他不是那種閃閃發亮，在人群中第一眼就被認出的人。但是，端訓在品牌上所下功夫之深，卻少有人真正知道。他從中

興大學拿到 MBA 學位後，在奧美廣告做市場研究工作多年，再轉到集團旗下的「運籌廣告」（現已更名為「我是大衛」）負責業務。他是一位好學、深思、誠懇、細心的行銷人，他身上流著奧美的血液，因而也對品牌有一種無可救藥的執著與熱情。

進入王品後，我注意到端訓的思考層面已邁向不同的層次。他以一個品牌操盤手的角色，像編劇又像導演，細心規劃每一個環節，把屬於王品企業的一個個品牌推上舞台。從他手上規劃出的王品成功品牌，從一個到兩個，而至三個、五個、十個時，他的品牌知識得到前所未有的實戰結合經驗，從而使他領悟出一套「多品牌創新七部曲」的王品武功心法，在這本書中呈現給每一位讀者。

我讀這本結合了理論與實務的品牌書覺得特別有趣。書中的觀念在種種談品牌的教科書中或許都不難找到，但由於這是當事者的第一手經驗，又屬於台灣這塊土地上的自身文化，作者所談的每一個觀念在讀者心中都會留下鮮活印象。要學習品牌的精髓，還要到可操作的程度，端訓所寫的這本品牌書，應是近年來我讀過難得一見的好書。

「王品」的品牌之路尚有許多開展的空間，戴董事長和端訓的搭配也還有更大的發揮餘地。我預計「王品」從立足台灣到放眼華人世界，甚或走進天下，這個品牌的未來值得我們進一步期待。他們願意把自己多年摸索所得的品牌知識和經驗公開出來，又再度是一次王品分享哲學下經營理念的真實實踐。我代表有幸讀者謝謝他們。

我期待台灣有更多像「王品」這樣的企業出現，這可是一條漫長而充滿挑戰的路啊！

白崇亮
台灣奧美集團董事長

推薦序 好的企業文化造就好品牌

十年前，端訓兄原是在台北的一家國際知名外商廣告公司上班的。有一天接到王品集團打來的電話，希望邀請他加入王品的經營團隊。

「從台北到台中、從外商公司到本土企業、從時尚的廣告業到傳統的餐飲業？」端訓兄直覺就是「不可能」！但基於禮貌加好奇，他還是和幾位高階主管談過，也打定主意在最後一次和戴勝益董事長的面談中謝絕這個邀約。

世事難料，戴勝益的一句話感動了端訓兄，讓他改變初衷，一頭栽進王品至今十年。這句話非關賺錢，也和分紅配股無關（他告訴自己：不要隨便相信老闆畫的大餅）。這句話看似尋常，其中的感性，卻道出對端訓兄的特質與專業的欣賞，傳達了戴勝益的價值觀和處世哲學，也點明了王品集團的企業文化。

大家或許還記得這個新聞。戴勝益在 2010 年時驚人地宣布：「要捐出個人 80% 的財產做公益。」一兒一女各得 5% 而已。我懂、也能體會他的用心，能做到這一點，真的不容易。而且他的教養方式也讓我拍案叫絕。

他明明知道兒子和同學集資一千美金在網路上購買電腦的網站是個陷阱，他還可以忍住不說破，眼睜睜看著孩子匯款、最後弄到要變賣東西把錢還給同學！

他的民主，也在子女的請假上可見一斑。只要孩子說得出合理的請假理由，不論是想旅遊、聚餐，或是臨時覺得今天很想去爬山，他都同意。弄

到後來老師打電話問他:「戴先生,你是存心跟學校作對嗎?」當然不是,戴勝益自有一套對時間的理念──把時間花在當下真正有價值的地方。聽說,「人生的關鍵時刻,絕對不可以缺席」也是王品集團內員工請假的尚方寶劍。

在端訓兄的字裡行間,我看到了戴勝益的個人特質和他塑造的企業文化對王品品牌打造的影響力,這是我為什麼要用較多的篇幅描寫戴勝益的原因,期待能給讀者在閱讀這本書時重要的梗。

這本書中,端訓兄除了不能給你好吃的菜色、創業的基金,以及想當老闆的膽識之外,他幾乎可以讓你成功地開一家有名的餐廳,甚至連鎖店也替你包辦下來了!他不但道出品牌經營的第一手教戰手冊,連餐飲業鉅細靡遺的經營、管理、工作態度等等面向的 know-how,和意料之內之外的尖尖角角都包含在內。在他的這本成功筆記本中,你也會看到如數家珍的國際知名管理大師的精華理念和金句,那都是經理人需要知道的道理。

對了,我還沒提到戴勝益說的那句話到底是什麼,為什麼會讓端訓兄做了這麼大的改變和影響。我也預料你剛看到時,會覺得這句話很平凡。但我相信,在你看完全書之後,你會懂端訓兄這十年來的熱情、動力,和王品始終沒偏離的品牌核心精神來自哪裡。

何飛鵬
城邦出版集團首席執行長

推薦序 4S打造多品牌經營智慧

2011年產業界最夯的話題,莫過於餐飲服務業竟然躍升為產業「新貴」;在經濟前景不明的環境下,餐飲業不僅交出逆勢成長的成績單,幾家掛牌上市的連鎖餐飲企業的高股價,更讓餐飲從業人員的職缺突然光芒耀眼,成為職場上搶手的工作新選擇。

與科技業不同的是,餐飲業的進入障礙並不高,只要有一定的內容差異化與適配的服務,存活與獲利並非難事;但要複製成多家分店,且還能賺錢,就需要有些功夫了;若要開上十個連鎖餐廳品牌,而依舊都賺錢,則非得具備「硬底子」功夫不可!

王品餐飲集團以十八年的時間,逐步建立了多品牌餐飲連鎖的成長模式,陸續創造了十一個各自差異化、但整體具綜效的連鎖餐廳品牌,匯聚成王品集團年營收近百億、一年賺進超過一個資本額的經營成果,堪稱華人餐飲世界的翹楚。其中的「硬底子功夫」內容,相信是許多曾經在王品系列餐廳享用美食的顧客想要一窺究竟的。

本書作者端訓兄離開奧美廣告,於2003年加入當時正在摸索多品牌戰略的王品,以他專業的品牌行銷能力與經驗,逐步建立起王品的多品牌管理架構與程序。本書可說是他彙整王品多年來的品牌經驗,將其轉化成包括觀念、策略、行動、價值評估、組織管理……等七個面向,以類似課堂重點講義的方式,毫不藏私地與廣大讀者分享,相信在一定程度上可以滿足想要瞭解王品經營模式的讀者的期待。

整體而言,個人認為本書的內容特色可以用4個S來說明。首先,書裡強調品牌的經營必須有策略(Strategic)思維,從品牌的信念、經營目標、

定位、產品差異化、內外部一致性、品牌延伸等，都要有清楚的策略行銷邏輯，並且讓這套邏輯成為組織的共同語言。

其次，奠基在產業的實踐經驗上，書中論點寫來都非常直接而坦率（Straight），尤其每節末尾還用「品牌筆記」的方式，提醒讀者們作者的核心論點，對於想要快速掌握本書精髓的讀者，是非常貼心的設計。

再者，作者強調品牌的終極價值取決於創造消費者獨特的體驗感覺（Sense），唯有透過持續創新，讓消費者持續願意「買單」，多品牌策略才會產生經營價值。

最後，作者特別強調品牌經營的全面系統觀（Systematic）與做法，包括整合行銷的實務、內部行銷與綿密訓練、跨品牌綜效，以及品牌資產檢驗等，皆為極具參考價值的最佳實務經驗。

當然，誠如俗話所說：「台上一分鐘，台下十年功。」書中呈現的或許較偏於可以言傳的知識，執行上可能還有更多默會知識（tacit knowledge），無法在有限的篇幅中道盡。儘管如此，本書的七部曲，對於有志於建立品牌長期價值的企業，仍可提供標竿學習（benchmark learning）的效果。

個人要對端訓兄分享多品牌經營智慧的努力，大力地按一個「讚」，並期待能因分享而激發更多企業品牌共翱翔！

李吉仁

台灣大學國際企業學系教授兼管理學院副院長

推薦序 品牌的行動家

品牌是「名稱」（name），品牌是「象徵」（symbol），品牌是「符號」（sign），品牌也是「設計」（design），在美國行銷學會（American Marketing Association）的定義中，品牌是上述的組合，而品牌除了傳遞屬性與價值外，更可以傳遞個性與文化。

本書作者端訓是王品的品牌副總，他也是台北大學企研所的高材生。在博士班裡，我們很習慣將過去的文字消化吸收後，再創造另一篇文字；但端訓不一樣，他是把課堂上、教科書中所看到的文字，以行動家之姿化成實際行動。

如果你是商學科系的學生，你可以從這本書中獲益，因為書裡有著教科書上看不到的豐富論述。

如果你是職場上的企劃人員，你可以從中獲益，因為書裡有著作者多年來的實戰經驗。

如果你是企業負責人，正在為你的產品規劃品牌策略，你可以從中獲益，因為書裡有著別人不輕易相授的策略方法。

如果你什麼也還不是，你也可以從中獲益，因為你會知道，王品集團的餐廳確實值得你的造訪。

方文昌
台北大學商學院院長

推薦序 樂在分享的企業文化

接到為 Simon 新書寫推薦的邀約，我一口答應，因為我自己想先睹為快。

其實才見過 Simon 三次面，但三次都讓我對他的誠懇與熱情留下深刻印象。第一次是我們應邀共同主持一場外貿協會的品牌訓練研習活動，Simon 在介紹王品集團的品牌概念與管理方式時，對著台下超過百位的聽眾，大方地解說王品在品牌管理上的精髓；當下，我便感受到王品樂於分享的企業文化，以及 Simon 獨到的品牌知識，於是冒昧地向他提出深入訪問的要求，沒想到他立刻熱情允諾。

第二次見到 Simon，是在王品台中總部。在他的辦公室裡，Simon 為我們仔細說明王品因為旗下品牌數目逐漸成長，所經歷的行銷組織變革，甚至不藏私地開啟他的電腦，呈現檔案目錄，為我們解釋他如何建立整個部門的檔案管理方式，以及內部知識管理的價值（詳參本書第七部）。

之後 Simon 接受我的邀請，擔任企業永續競賽的評審。同樣地，Simon 毫無保留地與參賽學生分享他的經驗，指導學生撰寫出更具前瞻思維且具體可行的創業企劃書。

這樣一位品牌管理經驗豐富的前輩，又來自於一個樂在分享的企業，所寫出的書一定真心十足、扎實可期。本書再三強調的是：正確的品牌觀念、周詳的品牌規劃、確實的品牌行動，請相信 Simon 的經驗之談。他在書中的每一句話，都是基於多年經驗所寫下的，包括他自己執行的過程，也包括觀察其他企業品牌經營的歷程，以及大量閱讀相關書籍反芻後的心得，讀者一定可從書中讀出我個人所感受到的誠意與真實。

別蓮蒂
政治大學商學院副院長暨 AMBA 執行長

推薦序 探尋餐飲業的春燕

是什麼樣的力量，讓王品集團在一片不景氣之中，依然能喚回春燕？是什麼樣的秘訣，讓王品集團在企業紛紛減薪、施行無薪假的風暴下，依然能站穩腳步、擴大徵才？

答案是什麼？就讓這本《WOW！多品牌成就王品》告訴你。作者用簡明易懂的文字，讓讀者輕鬆學習餐飲業品牌經營的方法。

如果你對於王品集團打造的餐飲帝國感到不可思議，或是對王品集團旗下眾多品牌如何管理感到困惑，請不要猶豫，繼續往後翻閱吧！

孫瑜華
國立台灣師範大學餐旅管理研究所教授

推薦序 實例與理論並重的好書

連續五年應邀擔任王品盃托盤大賽主任評審，事前會與負責的主管先檢討上屆得失，再討論當年要突顯的特色，修訂比賽規則，然後每年 11 月與王品的團隊聚集台大體育館，舉行全國餐飲相關學校的學生最期待的比賽盛事。每年近兩百隊參加，每隊五名成員，加上啦啦隊伍，一整天從報到、整裝、入場、宣誓、初賽、加油、表演、決賽，最後選出優勝隊伍，頒發高額獎金及獎盃。整個過程，王品的全體同仁全心投入，場面浩大，動作專業整齊，流程精心設計暢順無缺，每每讓參賽的學生及參與的評審老師都印象深刻、讚不絕口。托盤大賽的計畫執行，高副總正是主辦單位負責人。

看到副總這本談品牌經營的書，真正可以瞭解王品在品牌經營上的用心，且所言不虛，托盤大賽就是最好的例子。讀者除了參閱書中各種品牌策略外，可不要忽略作者在許多章節中一再提起的：經營品牌要先有優良的產品及服務，所以產品的研發改良、客訴的處理、同仁的教育訓練……都是經營品牌前必須具備的基礎。

這是一本實例與理論並重的好書，適合學生、教師及業者細細品讀。

蘇國垚
國立高雄餐旅大學專任助理教授

自序 打開你的「品牌」味蕾

大家都知道，國內外談品牌的書很多，但主要談的多是消費品的品牌管理，對餐飲業的品牌管理幾乎沒有。再搜尋國內外資料庫，餐飲業的書也多是談食譜、美食經驗、餐飲經營或服務管理。所以，這可說是第一本談餐飲業品牌管理的專門書籍，並輔以王品集團的實例貫穿。

書裡寫的是這二十多年來，我親自操作、管理品牌，包括服務客戶品牌到塑造自家品牌的經驗。大部分文章初寫於《經濟日報》「品牌SNG」專欄，之後花了許多時間重整增修，以務實的步驟，帶出「多品牌定位」、「十大品牌行動」、「十大行銷活動」等七大部，是每一個想要自創品牌、經營品牌的企業及個人，都應該知道的必要知識。對王品集團創新多品牌有興趣的人士，以及想要將自家的「產品」發展成「品牌」的企業經理人，相信都能獲得助益。

如同王品集團推出新產品時，希望帶給顧客「三哇菜色」，我也期望能帶給讀者三哇：

「WOW，好清楚！」——有理論架構，也有實作故事，深入淺出好清楚；
「WOW，好好看！」——圖文並茂，再以名句佐料，好好看；
「WOW，好實用！」——活生生的例子就在你我周遭，好實用。

這本書以兩年時間完成，時間雖長但並不困難，後來發現最困難的卻是命名，感謝戴勝益董事長，給了本書一個好名字！也要感謝我的太太簡育欣，書裡每一篇文章都經過她逐字逐句校閱修正，才能以如此洗練的文字呈現給讀者。

在寫作過程中，同仁看到了部分文章，緊張地跟我說：「Simon，你把我們做的事都跟大家說了，我們以後怎麼辦？」

讀完本書，您就能理解筆者願意無私分享的用心！

文化涵養品牌

2002 年冬天，是我工作生涯中最難忘的日子。

在台北工作了十五個年頭，一直都是在國際性的外商廣告公司上班，有一天，突然接到來自王品的電話，邀約加入經營團隊。原來是一位好友蕭文傑，把我推薦給了王品。

王品，一家總部位於台中的公司，我在奧美集團時曾經為它提案，並很誠實地告訴經營團隊，「金氏世界紀錄博物館」（當時王品的經營事業之一）因為產品力不足，沒有做廣告的條件，建議 2,000 萬的廣告預算可以用來改善內部設施。我失去了一筆生意，卻結下了一段好緣分。

對於王品，我的印象僅止於此。對於我個人，要從台北到台中，從外商公司到本土公司，從最時尚的廣告業到最傳統的餐飲業，直覺是不可能。於是與幾位高階主管談完後，準備謝絕這個邀約。

12 月某一天上午，台北寒冷的天空飄著灰濛的小雨，在西華飯店一樓咖啡廳，跟戴董事長的最後一次面談，我原打算表明自己的心意，然而這次的談話卻讓我印象深刻，改變了我的初衷，也改變了我的人生。戴董不是告訴我公司有多賺錢，可以分到多少股份（當時的想法是不要隨便相信老闆畫的大餅，所以沒有被這些誘因所動搖），卻是被戴董的一句話所感動。

他說：「希望我們文人一起經營公司。」至今仍讓我記憶猶新。

加入王品後，感受到戴董事長以「半部論語創王品」的精神，形塑獨特的企業文化來領導公司。社會大眾所熟知的有「百店、百國、百岳」以及「王品新鐵人」，也就是鼓勵同仁，每年品嚐一百家餐廳增加自己的知識，一生遊百國增加自己的見識，一生登百岳增加自己的膽識；新鐵人則是登玉山、泳渡日月潭和鐵騎貫寶島，用以鍛鍊自己的身體，因為沒有健康，其他都是零。

王品集團在台北孔廟舉辦股票上市法人說明會，呼應「半部論語創王品」的企業人文精神。

然而，企業文化又與品牌何干呢？

品牌大師艾克（David A. Aaker）說，品牌策略源自於企業本身、競爭者與消費者的淬鍊。換句話說，就是要找到一個我們（企業本身）有的、別人（競爭者）沒有的、他們（消費者）想要的差異化優勢！而企業文化是一間企業最重要的資產，也是孕育品牌最好的養分，對我在經營品牌上有很大的啟發。

回應到品牌經營，2002 年以前，王品以「一頭牛僅供六客」的產品面訴求，轉而從 2003 年開始，將品牌重新定位為「只款待心中最重要的人」的人文面訴求。

這幾年，隨著公司規模的擴大，知名度的提高，以及企業社會責任的期許，品牌行銷也加入社會公益元素，所以規劃了王品的「送玫瑰把愛傳出去」，鼓勵人們關心身邊的人；西堤的「熱血青年站出來」，呼籲捐血救血庫；陶板屋的「知書答禮」，分享讀書風氣……等人文關懷活動，也是內部推動成熟品牌「一品牌一公益」的年度行銷主軸。

2009 年，王品集團達到百店的歷史性時刻，也是台灣餐飲品牌經營的新紀元。我們推出以企業文化為核心的活動——「慶百店，走萬步，讓地球動起來」，鼓勵全民配帶計步器，一起讓健康動起來！

王品從一個品牌到十一個品牌，公司規模也從十億邁向百億，並即將於 2012 年第一季股票掛牌上市。上市前夕，戴董事長選擇在孔廟舉辦法人說明會。在品牌小組的精心策劃下，八佾舞者在雅樂聲中疾徐曼舞，戴董

「一品牌一公益」年度活動
以「公益、健康、文化、運動、環保、節能、慈善、保育、教育、關懷」為主軸

品牌	公益主軸	活動案例
王品	關懷	送玫瑰把愛傳出去
西堤	公益	熱血青年站出來
陶板屋	教育	知書答禮
聚	環保	筷筷相聚愛地球
原燒	慈善	一人衣愛助兒盟
藝奇	文化	創藝分享日

於莊嚴肅穆的台北百年孔廟，對著台下 600 多位金融界菁英娓娓道出「半部論語創王品」的具體事證。《論語‧公冶長》：「願車馬、衣輕裘，與朋友共，敝之而無憾。」王品則做到：「董事長只留 20% 股份，其餘分享給所有幹部同仁」、「每月利潤撥出 33%，隔月即分享給同仁」……至少有 30 條公司經營條例，源自《論語》的啟發。

從「只款待心中最重要的人」到「孔廟法說會」，每一件事都說明了創建一個具有社會責任、人文精神的企業，不只是口號，更是一種信仰、一種作為。

戴克（Charles L. Decker）在《品牌王國》（Winning With The P&G 99）一書中，描述寶鹼（P&G）的成功法則時提到：「經營品牌的企業，需確保組織的資源集中於發展及保護品牌。」說明了對品牌應有的作為。

「文人經營公司」的信念，給了品牌經營團隊一把熱情的火，也豐富了品牌的內涵。

| 品牌筆記 |

企業文化是企業最重要的資產，也是孕育品牌最好的養分。戴董事長以「半部論語創王品」的精神，形塑獨特的企業文化來領導公司，對我在經營品牌上有很大的啟發。

註：書中引用的數據，皆統計至 2011 年 12 月 31 日。

第一部
品牌觀念篇

01

餐飲業也需要品牌嗎？

「餐飲業也需要品牌嗎？」這是一個有趣的問題！

無庸置疑，台灣美食在世界佔有一席之地，然而一旦問起台灣美食，國人介紹的多是小吃，觀光客講的還是小吃，比如蚵仔煎、滷肉飯、鹽酥雞，或是珍珠奶茶、鳳梨酥等等。

如果再追問，哪一個牌子的鳳梨酥、蚵仔煎最有名？不是說不出來，就是沒有肯定的答案。因為都是產品有名，卻沒有代表性的品牌。

這樣的結論隱含什麼問題？只要一個產品紅了，好比蚵仔煎，於是整個夜市都在賣，沒人可以分辨哪一攤比較好，最後對蚵仔煎的產品印象就大打折扣了。鳳梨酥不也一樣？這都是因為沒有打出自有品牌的緣故。

提起台灣的品牌，大家不約而同先想到科技業，如 Acer、ASUS、htc 等；若提到餐飲品牌，大家想到的多是如麥當勞（McDonald's）、肯德基

（KFC）、星巴克（Starbucks），這些強調快速服務的國際連鎖品牌。

餐飲業的知名品牌為何這麼少？其實不只台灣，世界亦然。也許有人會提到米其林餐廳，但若細究，其實是廚師有名，不是餐廳有名。只要廚師跳槽，便會成為大新聞，餐廳生意大受影響，那不是在經營品牌，而是在培養名廚。（這也是為什麼王品集團在行銷時，主要訴求的是品牌而非名廚，雖然王品集團的廚師也不乏國際廚藝競賽的金牌得主。）

另一方面，與其說米其林餐廳很有名，不如說這塊「招牌」更有名。倫敦某家米其林餐廳因為被摘除星級，主廚還跳樓自殺，便可說明一切。

全球具有知名品牌的餐廳極少，T.G.I. FRiDAY'S 算是其中之一。為何會這樣？我認為主要有兩個原因：一是品牌管理理論源自於國際廣告傳播集團及消費品企業，而 P&G 和 Unilever（聯合利華）把它發揮到極致；二是早期餐飲業薪資低（少數國際速食品牌例外），傳統上又被視為湯湯水水的行業，優秀的品牌管理人才不願進來。

這是問題，也是機會！這是餐飲業重視、經營品牌的絕佳時代，也是品牌管理人才進入餐飲業的最好時機，再加上中國大陸市場開放，必將成為全球最大的單一市場，足以孕育出很多的國際品牌。目前世界百大品牌排名中，一半以上都來自美國，其中一個重要原因，就是美國是當今世界最大的單一市場。

經營品牌到底能為企業帶來什麼好處？這是老生常談的課題。如今面對 13 億人口都要「吃」，可以來好好審視。

近代品牌知名學者派克（C. Whan Park）是「品牌依附理論」（Brand Attachment）的始祖，他言簡意賅地指出，品牌管理的效益最終可以降低行銷成本，讓產品可以訂更高的價格且銷售更多。

為了便於理解，我們假設已經是一個知名品牌，能夠帶來什麼好處？我從企業和消費者的角度分別說明。

對企業而言，品牌具有以下效益：

第一，成功品牌可以跨越時間、空間及領導人的限制。例如，沒幾個人知道 P&G 的創辦人是誰，但 P&G 的品牌已經賣到全世界。

第二，成功品牌的市場價值超越企業的實際規模，無論併購或出售都處於最有利的位置。例如，IBM 出售筆記型電腦，或西門子出售手機部門。

第三，成功品牌的行銷投入與產出較有效率。例如，即使為產品訂定較高的價格，消費者也願意為品牌多付出一些；另一方面，行銷費用投入後的效益也較大，為企業帶來更豐厚的利潤。

第四，成功品牌進行品牌延伸較易成功。因為新品牌建立不易，只要有一品牌成功，企業便會進行各式各樣的品牌延伸。例如，iPhone 成功後，i 系列的品牌便陸續推出。

對消費者而言，品牌效益更是直接：

第一，節省選購的時間。消費者不用徘徊於貨架前，在眾多商品之間遲遲

無法決定；去餐廳吃飯，消費者不用擔心「踩到地雷」，品牌口碑就是最佳保證。

第二，在經濟不景氣時，消費者更重視品牌。由於荷包縮水，消費者在有限的預算下比平時更不願隨便冒險嘗新，選擇品牌就是品質的保證。

隨著中國大陸內需市場的成長、新興市場的崛起，未來三十年，必將是台灣品牌的出頭天。不僅僅是傳統產業和科技業，更是餐飲業的契機。

未來的市場，將留給重視品牌的企業！

| 品牌筆記 |

品牌管理的效益最終可以降低行銷成本，讓產品可以訂更高的價格且銷售更多。

——品牌學者派克（C.Whan Park）

02

什麼是追求好品牌的重要信念？

俗話說：「生兒容易養兒難！」這句話也同樣適用於自創品牌的企業。

更進一步說，一個品牌容易管理，多個品牌則難管理。多品牌會形成多人團隊；人一多，觀念不易傳承，執行便容易產生偏差。

當王品集團只有三個品牌時，每一個品牌行銷活動，我都可以做到與企劃人員深入討論並給予意見；但當品牌多了、團隊多了，就覺得這並不是一個很好的方法。畢竟，你告訴企劃一個方法，他（她）學會了，可是還有更多是他（她）不知道的！

「教他（她）方法，不如給他（她）正確的觀念。」當同仁有了正確觀念後，好的創意與方法自然源源而來，主管無須再「碎碎唸」。在這樣的想法下，我持續推動五個信念，成為品牌行銷團隊血液裡的 DNA。這五個信念是：

「我們堅持：一切努力都是為了品牌！」這句話看似容易，做到很難。也

就是做每一件事情都要能為品牌加分，而「品牌定位」是檢驗一切作為的最高指導原則。從菜色研發、服務特色、餐廳氣氛、行銷活動等十大品牌行動，都必須環環相扣，保持一致性。

經營品牌最大的問題，在於企業的作為容易偏離品牌定位，甚至為了短期利益而傷害品牌。尤其最容易發生在一開始的產品研發，從產品失焦（比如什麼都賣），到最後所有行為都遠離核心價值。這也是為什麼我會將「一切努力都是為了品牌」擺在第一條。

「我們追求：最好的還沒生出來。」當我第一次跟王品的經營團隊做「十週年活動」簡報後，脫口說出「我最好的還沒生出來」，這時一位高階主管回應說，不是最好的，你幹嘛要來提。後來我解釋，這是目前的提案，我會回去繼續思考，若有更好的創意就會推翻今天的內容，才讓提問的主管釋懷。

品牌行銷團隊要有這樣的價值觀，才會不斷地自我挑戰。經過多年的努力，部門中無論企劃、設計等單位，都能為追求最好的創意而勇於突破。

「我們認為：過去做的不一定對。」做一個空降主管，無論你要做什麼，同仁或同僚都會好心地告訴你，以前我們都是那樣做的，還質疑你為什麼要這樣做。這時你要費很多唇舌跟他（她）解釋，最後只好跟大家說，因為目前環境已經不同，過去做的現階段不一定對。

這句話有一個特點，就是沒說以前是錯的，並沒有否定前人的努力。建立這樣的共識後，也為未來事務的推動省掉很多不必要的困難。

「我們努力：貼近消費者的生活。」要能產生令對方「有感覺」的點子，一定要站在對方的立場著想，甚至得「預測」對方的行為。所以，品牌行銷人員一定要對人有興趣，對事物感到好奇。為了增加生活體驗，我在部門中也舉辦過電玩營、摩鐵趴（Motel Party）等讓大家去玩。

品牌行銷人員如果只坐在辦公室，每天對著冷冰冰的數字，是不會有好創意的。唯有貼近消費者的生活，才是瞭解消費者的不二法門。

「我們相信：凡事沒有不可能。」大部分的人都是保守的，只要你提出不同於以往的做法，他會先跟你說「不可能」，最後也許在主管的壓力下，才願意接受。但這時候已經輸了態度，給人無法求新求變的印象，何不在一開始時就說：我來「試試看」、「想看看」！

當同仁說「不可能」，我常會開玩笑對他們說：「政府有規定嗎？」「既

追求好品牌的座右銘壓克力方塊，時時啟發自己與同仁。

36

然政府沒規定，那就可以試試看。」若我們相信凡事沒有不可能，便有機會突破自我的框框，超越前人的做法。

這五個信念已經成為品牌團隊的座右銘。正確的專業態度，勝過千萬叮嚀！

| 品牌筆記 |

經營品牌最大的問題，在於企業的作為容易偏離品牌定位，甚至為了短期利益而傷害品牌。

03

品牌的根本是什麼？

最近這十年，是台灣品牌觀念與知識快速增長的十年。台灣社會無論從一般消費者、民間企業，到政府機關、教育機構，都在推動品牌的教育與經營。如經濟部有優良品牌的推廣，國貿局設立品牌學院，大學院校開設品牌管理課程，同時很多企業家演講也都在談論品牌有多重要。

「不是每一個產品都是品牌，但每個品牌背後一定有一個產品。」往往在品牌成功後，人們習慣忘記幕後的大功臣其實是「產品」。若沒有好好呵護，最後大功臣也會反撲，曾經成功的品牌變得風華不再。

奧美廣告創辦人奧格威（David Ogilvy）在發想一則廣告時，不希望消費者覺得它很有「創意」而去購買產品，而是希望消費者認為很有意義才去購買。這告訴我們，連最重視品牌的廣告教主，也推崇產品的重要性，我們又豈能忽略它呢！

我觀察市場上不成功的品牌，絕大部分都是產品不夠好（或不具有差異化的優勢），而不是品牌有嚴重的問題。就餐飲業來說，菜色不夠新鮮、不夠好吃，或是菜色質感不如期待，而被消費者挑剔，卻認為是品牌沒打出去。就一般消費品而言，產品是否有解決消費者的問題，滿足消費者的需求？（即奧格威所說的，產品對消費者是否有意義？）如果答案是「否」，那麼消費者為什麼要光臨你的餐廳、享用你的產品、認同你的品牌？

我喜歡用車子來比喻品牌。好的產品就如同堅固耐用的引擎，而油門就是行銷。引擎好，油門一踩，車子就會奔馳而去；引擎有問題，油門用力一踩，車子就會狀況百出。

我非常希望重視品牌的人，能更重視自己的產品。太成功的品牌行銷，產品跟不上的話，只會讓產品見光死，讓品牌提早陣亡。好的產品，縱使沒有好的行銷宣傳，透過好的口碑，也會慢慢加溫。不夠好的產品，沒有強力行銷讓消費者知道，反而可以爭取改進的時間；而優質的產品，藉由品牌行銷的力量，則會贏得更多認同，提早爆紅。

生活中其實到處可見，有瑕疵的產品常常把顧客嚇跑，而行銷部門卻不斷透過行銷活動去開發新客人，殊不知開發一位新客人，是留住一位老客人的五倍成本。如此一來一往，不只行銷的努力被抵銷，在網路普及的今日，壞事一日傳千里，大樹會提早倒下。

大部分的中小企業都沒有足夠的行銷資源，建立品牌是一條遙遠的路。殊不知瞭解消費者的問題，滿足消費者的需求，創造良好的口碑，就是最好

的行銷，也是建立品牌的最佳捷徑。

從今天開始，讓我們回歸根本，重視產品！

品牌的根本是產品。

04

產品愈多對品牌愈有利？

曾經有一位同仁提出辭呈，他的理由是「我的會議太多，沒有時間做自己的事。」上班族都會有這種現象，在同一家公司待愈久，工作量愈多。

發生這種情形，有兩個可能：一是當事人自我要求過高，做每件事都鉅細靡遺；二是主管的要求或過於量化的 KPI（關鍵績效指標）。例如，企劃同仁很用心，每月都策劃了新的行銷活動；設計師很努力，把每個空間都擺放了裝置品；公司要求每年都要有新產品上市，最後連有多少產品、哪些產品賣得好或不好，也搞不清楚了。

經營品牌也是一樣，就如同我們的工作，時間久了，總是會堆出一些多餘的雜物，因此，每隔一段時間就應該進行大掃除，把多餘的東西清出去，讓事情變得簡單，才容易成功。

日用品巨人 P&G 和 Unilever，十年前進行了品牌及品項的簡化工作，從數

以千計的產品中，減少到 500 個左右。無獨有偶，直銷業的龍頭 Amway（安麗），1994 年在台灣的營業額雖已達到 72 億，然而兩年後如溜滑梯般的只剩下 33 億，除了過於仰賴銷售組織，且中國大陸開放直銷業，造成台灣人才出走外，另一個重要原因，就是過度膨脹產品線，忽略了品牌經營的重要性。

Amway 的產品線，在高峰時曾達到 1,340 項，從馬桶座、兒童玩具、套書到相本等無所不包。過於複雜的產品，導致消費者無法辨識 Amway 的核心價值及品牌利益。意識到品牌失焦的嚴重性，Amway 於是大幅度簡化產品，最後只留下大約 500 個品項，並於 2009 年重回 74 億的龍頭地位。

名設計師陳瑞憲曾經說過：「愈簡單的東西愈清楚，愈清楚的東西愈有力量。」上述例子應證了這個簡單的道理。

因為簡單而成功的案例，國內外比比皆是。就產品而言，紐約知名牛排館 Peter Luger，靠著一塊 Porterhouse 牛排，紅了 124 年，成為來到紐約不可錯過的餐廳。

就菜單設計而言，王品集團旗下品牌，幾乎都是單一套餐設計，讓消費者容易揀選，使得點餐與服務更順暢。

就價位而言，「爭鮮」的產品品項雖然多，早期以成本和菜色價值訂價，分別有 30 元、60 元、90 元，後來一律改為均一價 30 元，不僅管理上容易，顧客用餐也不必盤算哪一道較便宜，不知不覺反而吃得更多。

就行銷而言，從概念、標語到促銷辦法，都要簡單。如果一個行銷活動，無法用一句簡潔有力的話來清楚表達意思，引起消費者的興趣，這個行銷活動肯定不會成功。

品牌管理要化繁為簡。簡單才易成功，人們卻往往忽略。

| 品牌筆記 |

愈簡單的東西愈清楚，愈清楚的東西愈有力量。

——設計師陳瑞憲

我們的菜單設計也訴求簡單，以套餐組合讓消費者更容易揀選。上圖是舒果的菜單。

05

如何讓品牌年輕化？

每當召開總部會議或聯合月會（店長與主廚會議）前，主持人都會帶領大家高唱一曲集團之歌：「誠實的態度，態度誠實；群力的結合，結合群力；創新的勇氣，勇氣創新；滿意的大家，大家滿意；我們都是 family……」來凝聚共識。

這首歌曲完成於 1996 年，已有十多年了，今日聽起來，似乎很有「古味」。於是，在一次高階主管會議中，戴董事長提出是否來改變一下它的唱法，與時俱進，讓大家討論。會議中只有兩位贊成，其他發言者幾乎都反對，甚至有人提出只要外部創新，內部維持現狀即可。最後提議被暫時擱置。

這件事情讓我想到，企業創新其實很不容易，因為一般人都認為維持現狀比較安全。「創新」是企業永續生存的不變法則，企業如果不創新，就容易老化，最後被淘汰！但是永恆的創新卻必須由內而外，不可能只做外部

（消費者要的）創新，而內部（企業管理）維持傳統的思維，畢竟內部的心境絕對會影響外在的表現。

IBM 曾將「創新」定義為三個層面：產品的創新、營運的創新，以及商業模式的創新。這些都屬於內部管理上的創新，消費者不一定能完全感受到；所以，還必須輔以外部的創新，那就是品牌與行銷的創新。外部的創新，是要讓消費者感受到企業由裡到外都很有新意。

這裡不是要談如何創新，我想分享的是，所有創新的源頭都應來自於先有「觀念創新」，這樣無論是內部或外部的創新才會持久。著名的經濟學家凱恩斯（John M. Keynes）說：「觀念領先，可以改變歷史的軌跡。」

企業或品牌能否創新，不在於它的歷史有多悠久，不在於領導者的年齡有多大，而在於「觀念」。3M 已有百年歷史，創新的產品仍不斷問世；賈伯斯（Steve P. Jobs）年近 60（註），每次一出現，都會帶來改變世界的點子，令世人驚豔。3M 與賈伯斯的共同點是──相信創新，才能永遠領先。

很多知名的企業，因為成功久了而失去創新的能力，不再觀念領先，最終被淘汰出局。這是成功企業要時時自我警惕的。

近代行銷史上，柯達（Kodak）曾經是照相軟片的第一品牌，卻未跟上科技日新的腳步，被數位相機給取代；TDK 在 CD 尚未問世前，也曾紅極一時，然而未能與時俱進，如今已被數位儲存媒體取代。再看眼前，Nokia 是最早發明手機觸控技術的廠商，卻迷戀於傳統手機的龐大市場及佔有率，忽略了觸控功能結合智慧型手機的興起，因而失去智慧型手機市場。

註：賈伯斯於本書校閱期間，2011 年 10 月 5 日辭世。

這都是忽略創新所造成的嚴重後果。為了避免重蹈覆轍，企業中的每個人都要擁有「最好的還沒生出來」這樣的信念，唯有如此，才不會自滿於現狀，而能精益求精！

企業能否持續創新，在於領導者及高階團隊。有人說，企業的問題都出在前三排，尤其在主席台，這句話也適用於企業創新。領導者若沒有創新的觀念，就無法包容創新的想法；高階主管若沒有求新求變的精神，就不可能推動並落實創新的政策。

所以，品牌能否永保年輕，在於由內而外、在於觀念領先！

| 品牌筆記 |

永恆的創新必須由內而外，不可能只做外部（消費者要的）創新，而內部（企業管理）維持傳統的思維，畢竟內部的心境絕對會影響外在的表現。

06

數字重於一切？

行銷的任務是什麼？這波行銷活動的任務又是什麼？

最容易得到的答案，是增加營業額或來客量。我觀察到很多管理者，常常做很多營業目標的推估與試算，但因為行銷環境變化太快，準確者很少，一年裡卻花掉大半時間不斷地推估、試算及修正。

不是說目標的訂定不重要，我認為應該用更多的時間，思考達成目標的途徑及策略。有時一個好的行銷策略，可以大幅度改變目標；有時行銷活動無法用簡單的數字量化，比如，捷安特創辦人劉金標單車騎越北京到上海的「京騎滬動」，到底能為捷安特創造多少效益？

「什麼事情都做對，數字自然就出來。」這是很重視數字管理的戴勝益董事長說過的話。我很認同這樣的觀點，行銷也是一樣。

有一年策劃「王品盃托盤大賽」，戴董問我：「這次會來多少媒體？」我

2011 年第五屆「王品盃托盤大賽」的盛大競賽場面。

直覺回覆他「不知道」，但我告訴他，只要掌握住事件的議題性（例如這次是中國大陸餐飲業第一次派隊參加），邀請媒體並讓他們充分瞭解，現場把主題做最好的呈現，當天沒有重大突發的新聞事件，則媒體的出席率及報導版面都會很高。當我跟戴董講完後，他也沒再追問。結果，當天活動果然獲得媒體的大幅報導。

有一位區經理，因為某家店的業績不如理想，他為了提升該店營業額，編了很多試算表，然後告訴店舖說，如果來客數目標增加 10%，業績會成長多少，利潤會變成多少；如果 20%、30%……又會是多少，然而就是沒提到需要努力的方向是什麼？策略是什麼？以及如何策劃、追蹤及管理。店舖主管和同仁聽了，也不知道要從何著手。

這就是只談數字，對消費者的需求失去感覺，對達成目標沒有策略，最後大家都忙於計算數字，數字是愈來愈多，來客數卻愈來愈少！

賈伯斯重回「蘋果」時，發現公司內部有很多人大談銷售，他把這些人全部解僱，說：「銷售只是結果，不是原因。如果你不把最基礎的事做好，銷售又怎麼會好？」光是計算銷售數字，無助於提升業績。

消費者行為專家戈得曼（Heinz M Goldmann）把購買決策劃分成四個階段：A-I-D-A。也就是想達成行銷目標，首先要建立「品牌知名度」（Awareness），沒有知名度一切免談；其次要引起消費者的「興趣」（Interest）及「慾望」（Desire）；完成以上三項任務，消費者自然有很高的機率會採取購買「行動」（Action）。

由於網路的興起，A-I-D-A 模式也會略為改變。消費者會將自己的消費經驗 PO 在 Blog、Plurk、facebook、YouTube 等與網友分享，而產生「二度行銷」的功能。所以，對於低關心度產品的行銷，如一般消費品、食品、餐飲等，我認為能否成功爭取到消費者，在於行銷活動能否逐步達成五個階段性任務，即：知名度—好感度—首次消費／分享—理解度—忠誠度。

其中，最主要的不同來自於消費後的分享。因為親自消費而對品牌和產品有更多的認識（理解度），如果符合自己對品質、品味的要求，則會養成再度購買的忠誠度，進而對業績形成善的循環。

每個管理者都要有數字觀念，但除了設定目標、計算數字，還要清楚行銷的階段性任務，高績效自然水到渠成。

| 品牌筆記 |

什麼事情都做對，數字自然就出來。

——王品集團董事長戴勝益

07

天啊，我們還在教育消費者嗎？

行銷人都知道，要傾聽消費者的聲音。然而過去成功的經驗，往往很容易讓天線失靈，聽得到卻抓不到消費者的心聲。

傾聽顧客的聲音，說起來容易，做起來卻是一件何其困難的事。很多人基於善意給你的意見，你聽還是不聽？有人說，是顧客的聲音我們才聽，不是顧客的聲音不重要，即使如此，來到店裡消費的客人給你的意見，你聽還是不聽？

2008 年，我們引進了一個大陸當紅的人氣料理──麻辣乾鍋，品牌名就叫「打椒道」，推出三個月不到就夭折了，所以鮮為人知。顧名思義，麻辣乾鍋是選用多種乾椒、薑、蒜，配上蔬菜、菇類、肉類、海鮮等，再用大火乾炒，口味香辣，令人垂涎。

新品牌上市前，進行了多次的消費者產品調查（試菜座談會），消費者也

覺得吃的很過癮，但總感覺少了點什麼。由於過去推出新品牌的成功經驗，加上對菜色的信心，使我們忽視了這個警訊，於是很快地開出第一家店。上市後，問題隨即突顯，既然是「鍋」，消費者就想要有熱騰騰的湯，這是台灣人的飲食習慣。

天啊，原來我們是在教育消費者，火鍋也可以乾吃。「不可教育消費者」，要順勢而為、投其所好，這是行銷人都知道的事，卻竟然發生了。原來只有親身經歷過，經驗才是屬於你的。這當中，我們學到幾件事：

成功經驗是絆腳石：過去的成功，往往讓人產生慣性；要準備接受失敗——如果隨時有這樣的想法，天線就會維持高靈敏度，減少資訊耗損。

選擇正確的消費者：新產品在研發過程中，總有許多熱心人士想要給予意見、表達關心，但一定要判斷誰才是你的消費者，誰才能代表顧客。

放大消費者的聲音：要很敏銳地聽見消費者的聲音，分辨的方法是，當消費者的想法與你的認知不一樣時，要把這個意見傳遞給整個團隊知道，而且一再強調，讓每個人都能重視，並一起想辦法解決。

一再求證避免偏好：有時消費者的想法只是個人偏好，不代表大部分人的意見，如果放大獨特偏好，也是一個災難。這時，你得走出會議室，深入市場做調查與訪問，蒐集更多意見來佐證。

調整到最高的標準：暫時忘記成本考量，把消費者要的產品端出來，例如，消費者覺得火鍋一定要有香噴噴的麻辣湯頭，那就要把「香噴噴」發揮到

極大化，一直到消費者認為就是如此。先讓消費者對產品滿意，再來研究如何降低成本；如果一開始就從成本考量，縱使本錢再低，消費者不買單也枉然。

廣告大師奧格威在《一個廣告人的自白》（*Confessions of an Advertising Man*）中，有句令人震撼的名言：「消費者不是白癡，她是你的妻子。」足見傾聽消費者的聲音，就像瞭解你的妻子一樣重要！

| 品牌筆記 |

「不可教育消費者」，要順勢而為、投其所好，這是行銷人都知道的事，卻竟然發生了。

08

你瞭解你的顧客嗎？

你是否知道，你的品牌的消費者輪廓？如果你有很多品牌，你又如何分辨他們？同時也讓整個經營團隊都清楚？只有當團隊產生共識，才能讓大家努力的方向更一致。

很多企業都在蒐集顧客資料，給你一張會員資料卡或 VIP 申請書，如果好好運用，除了可用來建置「會員資料庫」，也可用來描繪「顧客的輪廓」。

為了對消費者有更深入的瞭解，我們整合了四大顧客資料來源：顧客來店消費意見卡、0800 顧客來電意見、網路留言訊息，以及每日營業記錄，並進行分析，每年出版《顧客紅皮書》，同時對高階主管簡報，讓管理者更認識自己的顧客。

我們將顧客「資料」進行分析，形成有用的「資訊」。奧地利學者麥樂普（F. Machlup）認為，從資訊解讀中可以獲取新的「知識」；「知識」也因

每年的新資料，而不斷地修正。《顧客紅皮書》記錄十一個品牌的消費者輪廓，洋洋灑灑將近 500 頁，最後提出「5K 指標」（Key Index），做為報告的結論。分別說明如下：

新舊客看體質：初次來店屬於新顧客，反之則為舊顧客。觀察新舊顧客的意義在於，品牌在成長的同時，如果老客人不斷流失，代表產品沒有得到認同，這樣的成長是建立在流沙上。新客人都是嚐鮮客，成長不會長久，體質也不會好。

滿意度看問題：主要觀察產品（菜色）、服務與整潔的滿意度。無論是新創品牌或轉型中的品牌，都需觀察滿意度的走向，向上是往對的方向走，向下則表示有問題。

介紹率看未來：
顧客願意幫餐廳
介紹客人，代表
顧客認同品牌的
所作所為。結合
歷史資料來研判
更有意義，屬於
觀察品牌的領先
指標，例如，介
紹率持續攀高，

《顧客紅皮書》描繪顧客輪廓。

表示後勢看好，甚至可持續展店。

用餐頻率看忠誠：用餐頻率代表顧客的忠誠度，也是規劃行銷活動的重要參考指標。例如，顧客半年內平均來店用餐一次，所有的經營與行銷活動，就可以半年週期來思考。

好吃度與價格合理度看成敗：消費者對好吃度與價格合理度的看法，會隨著高價品牌與平價品牌而不同。高價品牌有尊榮及面子問題，價格不是選擇品牌的首要考慮因素，好吃度指標永遠大於價格合理度；而平價品牌則是為了滿足普羅大眾日常生活的需求，價格決定勝負，如果價格合理度不高，就只有慘遭淘汰的下場。

《顧客紅皮書》讓管理者除了以成本的角度、營運的角度外，更要站在消費者的需求來思考問題、研發產品、經營品牌。

《顧客紅皮書》讓「顧客第一，同仁第二，股東第三」的企業文化更聚焦。每一個企業都可以準備一本自己的《顧客紅皮書》，落實對顧客的重視。

| 品牌筆記 |

新舊客看體質、滿意度看問題、介紹率看未來、用餐頻率看忠誠、好吃度與價格合理度看成敗。

——《顧客紅皮書》5K 指標

09

可以用顧客來管理品牌嗎？

「我的店生意每況愈下，可不可以給我一些建議？」

經常被經營餐飲的友人或業者問到這句話，其實不應該問我，應該去問顧客。一家好吃的餐廳，生意一好，就因「專家」建議或老闆想賺更多錢而大肆展店，兩家店管理起來還算遊刃有餘，三家店就有點力不從心，最後餐廳的菜色、服務、整潔都大不如前，令人感到惋惜。

單店品牌與連鎖店品牌，在管理上大大不同。眾所周知，連鎖店講究標準化，以提供顧客一致性的產品與服務品質。然而，每個直營或加盟連鎖系統通常都有厚厚一大箱的標準化手冊，為何呈現出來仍有如此大的落差？牽涉的因素非常多，包括管理文化、訓練、獎酬制度等等。

其中最常被忽略的，就是以顧客的角度，回頭來檢視品牌的所作所為。成為多店連鎖品牌後，不是老闆一人或區區幾位高階主管就可以監控到每

一個營運細節，而顧客無所不在，所以，靠顧客管理店鋪變得很重要。

管理學者彼得斯（Tom Peters）說：「洗耳恭聽顧客的意見，是公司每一個人的責任。」可見聆聽顧客的聲音，是品牌管理者的重要課題。

餐飲業「聆聽」顧客的聲音，最常用的方法不外乎「神秘客」和「顧客意見卡」。神秘客廣被採用，如速食連鎖品牌KFC等，此外，《遠見雜誌》、《米其林指南》調查餐飲服務水準，也是採用神秘客。然而神秘客是由少數消費者或「專家」所組成，由於到店次數及人數相較於廣大的消費者來說仍屬有限，餐廳能否通過考驗，多少帶有點運氣的成分。

另一個做法，是以「顧客意見卡」每天蒐集顧客意見，做為日常營運管理的重要參考指標。目前很多餐飲業者採用此方法，只是執行起來並不容

要以顧客的角度，來檢視品牌的所作所為。右為藝奇的顧客來店消費意見卡。

易，差別就在於是否「有執行、有指標、有改善」。

以王品集團實施「顧客意見卡」的經驗為例，在執行上，平均有超過70%的顧客會填寫，且有相當一部分的老顧客到餐廳用餐後，填寫意見卡也成為用餐的「習慣」，如果服務人員未及時提供意見卡給他們，顧客甚至會打0800或上官網抱怨，店舖會因此失去零客訴獎金，店舖績效排名也會受到影響。

在指標上，每天於營業時間結束後進行電腦讀卡，立即算出當日餐點及各項指標的滿意度，一方面在第一時間做為營運改善的參考，另一方面也可以瞭解客層結構、來店用餐頻率、目的、吸引來店的因素等。每年再出版年度《顧客紅皮書》，總結各項顧客指標，並進行多品牌橫向比較。

在改善上，透過各項指標及顧客各種

您好：
您的建議，我們在意，陶板屋會努力做得更好，謝謝您的支持！

陶板屋 和風創作料理

請在選項內 畫記 ☒ 桌號＿＿＿ ＿＿月＿＿日

1. 請問您這是第一次到陶板屋用餐嗎？
　☐ 是（請跳到第3題）　　☐ 否

2. 請問您最近半年總共到陶板屋用餐幾次？（含本次）
　☐ 1次　☐ 2次　☐ 3次　☐ 4次　☐ 5次以上

3. 請問您是如何知道本店？（可複選）
　☐ 以前來過　　☐ 媒體報導　　☐ 網路資訊
　☐ 親友介紹　　☐ 廣告文宣　　☐ 路過
　☐ 簡訊　　　　☐ 其他＿＿＿＿＿

4. 請問您今天到陶板屋用餐的目的是？（單選）
　☐ 家庭聚餐　　☐ 朋友聚餐　　☐ 商務聚餐
　☐ 結婚紀念　　☐ 約會　　　　☐ 慶生
　☐ 其他＿＿＿＿＿

5. 請問您個人今天點的主餐是？（單選）
　☐ 香蒜瓦片牛肉　☐ 陶板香煎牛肉　☐ 青蔬鮮烤牛肉
　☐ 嫩煎豚排　　　☐ 陶板魴魚　　　☐ 陶板雞
　☐ 陶板海陸

6. 您今天用餐後的感覺是…（單選）

	非常滿意	滿意	普通	差	很差
主餐	☐	☐	☐	☐	☐
前菜	☐	☐	☐	☐	☐
沙拉	☐	☐	☐	☐	☐
湯類	☐	☐	☐	☐	☐
飯糰	☐	☐	☐	☐	☐
甜點	☐	☐	☐	☐	☐
飲料	☐	☐	☐	☐	☐
服務	☐	☐	☐	☐	☐
整潔	☐	☐	☐	☐	☐

7. 您認為本店最吸引人的兩項特色是？（複選）
　☐ 菜色多樣化　☐ 服務好　☐ 價格合理　☐ 好吃
　☐ 氣氛好　　　☐ 其他＿＿＿＿＿

8. 請問您會不會介紹朋友來本店用餐？
　☐ 會　　☐ 不會

9. 請問您對本店或服務人員的建議是…
　＿＿＿＿＿＿＿＿＿＿＿＿＿＿＿＿＿

姓　名：＿＿＿＿＿＿　☐ 男　☐ 女
年　齡：☐ 19歲以下　☐ 20-24歲　☐ 25-29歲
　　　　☐ 30-34歲　　☐ 35-39歲　☐ 40-44歲
　　　　☐ 45-49歲　　☒ 50歲以上
生　日：＿＿月＿＿日　結婚紀念日：＿＿月＿＿日
電　話：(手機)＿＿＿＿＿　(H)＿＿＿＿＿
（請上網加入網路會員可享生日優惠：www.taoban.com.tw）

開放式意見，發現各店經營改善的機會點。顧客反應的意見十分廣泛，包括菜色品質、服務員解說太小聲、餐廳太吵、行銷活動解說不清楚等等。若要成為顧客心目中的好品牌，每一項都有改善的空間。

管理一個運作如此複雜的品牌，要靠制度，也要靠顧客。透過顧客意見來管理品牌，說你所做，做你所說，讓顧客對品牌有一致的認知，是成為一個傑出品牌的必要條件。

| 品牌筆記 |

洗耳恭聽顧客的意見，是公司每一個人的責任。

——管理學者彼得斯（Tom Peters）

陶板屋的顧客來店消費意見卡。

整合行銷真的有效嗎？

最近遇到一位行銷界的好朋友，她曾是大型外商公司的行銷主管，如今在
大學教書。和她分享目前使用的一些行銷手法，她聽完後，直呼現在的行
銷和以前真的很不一樣！

的確，行銷環境起了很大的變化，行銷工具也更為多元化。從二十年前大
眾廣告媒體的時代，進入到十年前小眾網路媒體成為寵兒，很快地來到今
日個人行動媒體的新紀元。

行銷環境改變了，過去專家學者們所提倡的「整合行銷傳播」（IMC,
Integrated Marketing Communication）觀念是否仍然有效？

在王品集團多品牌的架構下，在操作行銷、建立品牌的經驗中，我認為雖
然行銷環境變了，但操作行銷的原則卻沒有多大改變，要變的是執行行銷
的方法。我常與同仁分享，品牌行銷要成功，目標就是要讓「全天下的人」

（指目標對象）都知道，而且所知道的內容要具有「一致性」。這就是整合行銷傳播所扮演的角色。

有位主管善於策劃行銷活動，也善於做活動後的檢討，一檔不成功，很快又換另一檔。在我看來，不成功的行銷活動，最常發生的原因莫過於宣傳不夠徹底，知道的人不夠多。

行銷活動要成功，除了事前的策劃，就是要掌握人心的「最後一里」。也就是整合各種可用的行銷工具，盡量讓每一個目標對象都知道活動訊息，同時要做到不同的族群透過不同的工具，都能收到一致的訊息。

為了跟同仁分享這樣的觀念，我將整合行銷簡化為一句話：「One Concept, Multiple Target, Different Media.」意即「在一個行銷概念下，溝通不同的族群，使用不同的行銷工具。」人們最常犯的錯誤，就是想要說的事情太多，造成太多個主題，最後失去一致性，降低行銷力道。

王品十五週年慶時，我們舉辦了一個活動「送玫瑰把愛傳出去」，企圖傳達一個概念──「請人們關心身邊的人」。想要溝通的對象是所有的潛在客人，包括南來北往的商務客、喜愛網路的年輕人、不上網的社會大眾，以及來店的客人。

為了達成這個使命，我們針對以上四種不同對象，採用了四種不同的行銷工具。首先，包下全台八個高鐵站送出玫瑰花，溝通商務客人；其次，啟動網路行銷，包括部落格串連貼、MSN 標題大串連、網路會員 eDM、官網留言等，溝通網路上的年輕族群；再則，舉辦事件行銷，在台北花市召

1 2 3 高鐵站滿滿的花海。送出玫瑰花，溝通商務客人。

4 5 在台北花市召開記者會，在街頭發送玫瑰花，透過媒體報導，溝通社會大眾。

6 啟動網路行銷，溝通年輕族群。

7 以店舖海報，溝通來店的客人。

開記者會，於街頭發送玫瑰花，透過媒體大量報導，溝通不上網的社會大眾；最後，設計店舖文宣，溝通每一個來店的客人。

整合行銷之父舒茲（Don E. Schultz）說過：「整合行銷傳播是一面大藍圖（big-picture），記載所有的行銷及推廣活動，同時協調各個傳播工具的應用。」

「送玫瑰把愛傳出去」活動，正如舒茲所說，就是架構在一個大概念下，應用各種不同的宣傳工具，將訊息讓「全天下的人」都知道。

| 品牌筆記 |

整合行銷簡單地說，就是「One Concept, Multiple Target, Different Media.」

企業應如何看待整合行銷？

我在商務場合跟人交換名片，十張名片中可能就有一張寫著「整合行銷」或「整合行銷傳播」這類職銜，但從事的業務可能是廣告、設計或文創，可見整合行銷這幾個字「很好用」，也可說被誤用了。

到底真正的含義是什麼呢？

不同的專家或機構，對整合行銷傳播（IMC）的定義也有實質內涵的不同。美國廣告主聯誼會（4As）的定義，是強調傳播活動的整合；提出 IMC 理論而聞名的西北大學教授舒茲，他的定義與 4As 最大的不同，在於加入了行銷元素，行銷與推廣雖是不同的層級內容，卻要視為一體來與消費者溝通，以達其綜效；學者鄧肯（Tom R. Duncan）與摩利爾第（Sandra E. Moriarty）強調的則是企業活動的整合，才是真正的整合行銷傳播。

「整合行銷」在建立多品牌時扮演了重要的角色。面對不同專家對 IMC

不同的觀點，重視品牌的企業又該如何看待 IMC 呢？

不是每一家企業都擁有建立品牌與整合行銷的人才，因此在品牌經營的過程中，需要聘用外部顧問，比如品牌顧問公司，或具有整合行銷能力的廣告代理商。王品集團目前有十一個品牌，每一個品牌的建立都運用了整合行銷的觀念與技巧。我認為，企業若要徹底實行「整合行銷」，先要有幾點認知：

第一，品牌的成功來自於全方位的執行。無庸置疑地，一個品牌的成功，一定來自全面性的成功，包括精準的品牌定位、差異化的行銷組合、突出的傳播活動所共同創造的。單靠傳播活動一項的成功，是不會持久的。僅有成功的行銷傳播活動，只會讓不好的產品更快出局；而好的產品若無法定義在正確的市場及消費者需求上，也難以成功。例如，數位冰箱可以管理庫存量和到期日，卻非一般消費者日常所需，產品再好也乏人問津。

「整合行銷傳播」（IMC）各家定義	
4As 之定義	根據美國廣告主聯誼會（4As）的定義：「IMC 為一行銷傳播規劃概念，透過評估各種傳播工具的策略性角色，達到提升計畫的附加價值，例如應用廣告、直效行銷、促銷及公關，同時組合不同的傳播工具，以達到清晰、一致性及極大化的傳播效果。」
舒茲 之定義	西北大學教授舒茲對 IMC 有較廣闊的定義，他認為：「IMC 是消費者為了取得產品或服務，接觸有關品牌及企業的所有相關訊息來源；IMC 是一面大藍圖，記載所有的行銷及推廣活動，同時協調各個傳播工具的應用」。
鄧肯與 摩利爾第 之定義	學者鄧肯與摩利爾第進一步將 IMC 定義為以傳播為基礎的行銷模式（Communication-based Marketing Model），強調管理企業及品牌所有傳播活動的重要性，透過建立、維持及強化消費者與股東的關係，來提升品牌的價值。他們認為，所有的訊息可分為三個層次：企業、行銷，及行銷傳播層次，因為所有的企業活動、行銷組合及行銷傳播努力，都具有扮演吸引和留住消費者的傳播功能。

一般而言，對於一個品牌的成功，人們只看到其中一面，比如說它的服務很好，或是它的行銷很成功，事實上都過於片面。以餐飲業來說，成功的品牌至少要做好以下幾件事：具有差異化與優越性的品牌定位、美味的菜色、優質的服務、良好的用餐氛圍，以及環環相扣的內部管理。

所以，要創造一個成功的品牌，必須在每一個環節用力。

第二，凝聚統一的訊息。大部分的公司在經營品牌時，多是聘用外部顧問成為品牌行銷的夥伴，如委託專業的廣告代理商。對於行銷訊息的傳遞，會產生兩種可能，一是廣告代理商扮演各個行銷傳播功能（如公關、數位行銷等）的整合角色，一是企業自行僱用不同行銷傳播功能的代理商，然後自行整合。

不管哪一種方式，最重要在於凝聚統一的訊息給消費者，也就是所謂的「一致性」，才不會彷如亂槍打鳥，企業花了很多錢在廣告、公關、數位行銷等媒體，卻傳遞了「不一致」的訊息，使得行銷效果大打折扣。

所以，外部顧問除了發揮自己的專長，也要留意並協助品牌訊息的整合。

第三，企業內部參與的層級要夠高。企業聘用外部顧問做品牌行銷，但內部派出的參與者層級卻不夠高，以致無法在第一時間做成決定，而老闆最後才出現又提出不同觀點，推翻兩方團隊花了數月所做成的結論，不僅傷害團隊士氣，也浪費許多時間與金錢，甚為可惜。這種事情看似荒謬，卻屢見不鮮。

企業聘用外部顧問，常見的問題還包括過於廠商導向，一頭鑽入技術面或產品面的思維，由於對自己的產品過於瞭解與自信，以致缺乏站在消費者的角度看事情。這是為何僱用了外部專家，品牌行銷仍難成功的原因。

所以，企業決策者應適時地參與品牌行銷事務的討論，整合行銷運作才會順暢。

IMC 不僅是一個品牌行銷的過程，也是一個企業資源整合的過程，涉及的作業線很長，因此，企業決策者若能學習更多品牌行銷的觀念，將有助於 IMC 的全程掌握。畢竟外部顧問或專家要同時服務很多客戶，難以有效掌控品牌的每一個環節。品牌及 IMC 的成敗，仍需企業親自來主導，比較容易成功。

| 品牌筆記 |

整合行銷不僅是一個品牌行銷的過程，也是一個企業資源整合的過程。

12

王品的第一場整合行銷傳播活動

這個活動發生在 2003 年，那時王品總共只有 19 家店，還稱不上集團。那時沒有什麼人在談論餐飲業，更沒有今日媒體的諸多關注，餐飲業仍被視為湯湯水水的行業，沒什麼前途。

2003 年，也是我進入王品的那一年。甫決定去王品，又立刻接到某大公司的工作機會，是個很有前景的產業。由於已經答應戴董事長加入王品的經營團隊，我仍親自前去婉拒這個邀約。對方主管很好奇我到底要到哪個公司上班，於是說明原委。對方一聽到王品，以為聽錯了，一再追問確認，總算弄明白是一家連鎖餐廳。他滿臉錯愕的表情，讓我覺得好像做錯決定似的。

回到工作崗位，想說既然來了，一定要有一番表現，於是下了個賭注──要把「事情」做大。一直記得奧美創辦人奧格威曾經說過，如果你什麼都

不做，不會有人支持你，也不會有人反對你；如果你大做一番，會有人反對你，也會有很多人支持你。是的，一定要有所作為，才能爭取到支持。這個活動就是在這樣的心情下誕生的。

王品創立於 1993 年，2003 年剛好滿十週年，然而當時的時空背景正適逢經濟不景氣，台商大舉到中國大陸發展，而這群人也正是王品早期培養的忠實顧客；再加上百年難得碰到的 SARS 肆虐，王品的業績更如雪上加霜，逐月下滑。

為了幫助自己瞭解這個品牌，我親自主持了品牌聯想消費者座談會，瞭解品牌在消費者心目中的地位與印象，才發現年輕的中產階級認為王品離他們很遠。年輕人不來，老客人離去，正是王品面臨的最大問題：品牌老化！

在當時的事業處主管曹原彰、蕭文傑的帶領下，啟動了全台所有餐廳的改裝作業（黃公超設計師在四個月內為王品全面換上新裝），並推出更具價值感的菜色（如深海龍鱈及各式沙拉、甜點等）；不單單是裝潢和菜色，也召回全體服務人員，進行服務提升的再訓練。

在行銷上，我們推動了「品牌再造工程」。首先，重新定義王品在客人心目中的價值，它不只是一家高價位的餐廳，更是人生中在重要時刻、款待重要貴賓的地方。王品的品牌承諾「只款待心中最重要的人」便是於此時立下的，並沿用至今。

在品牌再造的過程中，曾為了未能及時完成店面改裝、菜色提升、訓練加值而三度延後行銷宣傳活動，這樣做就是為了確保「如果沒有給客人最好

王品十週年慶
您送十朵玫瑰 我請千元盛宴

活動日期：92年7月12日(六)
活動時間：11:30～14:00

王品十歲生日，邀您免費享用千元全素盛宴
免費赴宴條件：每人「帶十朵玫瑰」、「生日祝福語」
隨備盛赴宴，並親自提早迎隊，締過了再等十年
活動時間所有兒換活動、代客泊車、免費停車、預約訂位服務
暫停，不便之處敬請見諒！

王品 ㈤餐牛排

1 活動醞釀期 BBS 上的熱烈討論。

2 活動確認期「您送十朵玫瑰，我請千元盛宴」店舖文宣。

的菜色、優質的服務和美好的用餐體驗,絕不讓產品上市」的信念。

當一切實體改造工程就緒,王品才真正啟動四階段的「整合行銷傳播」活動,包括事件行銷、廣告、記者會、店舖宣傳等,都整合在品牌定位策略下,讓每一個行銷動作、語調都具有一致性。

藉著十週年慶,定下行銷主軸「您送十朵玫瑰,我請千元盛宴」,重新塑造王品的品牌形象。活動分四階段進行,分別是醞釀期、確認期、引爆日及深耕期。

1. 醞釀期:網路行銷讓活動未演先轟動

2003 年,網路行銷剛剛起步,然而為了爭取年輕族群,加上希望讓人們認知到傳統品牌也可以有新的行銷手法,以改變人們對餐飲業的刻板印象,於是執行了小眾的網路行銷活動。

在活動一個月前即發出 eDM、Viral Mail 等,並參與各 BBS 的討論(當時 Blog 尚未流行,也沒有 facebook),以十週年慶為主題的宴客訊息,全面向年輕網路族群發出邀請。起初,大家還以為這是網路詐騙,等到確認後,才發揮一傳十、十傳百的精神,讓活動未演先轟動。

2. 確認期:店舖文宣確認活動的真實性

當網路族收到「您送十朵玫瑰,我請千元盛宴」的活動訊息,都不敢相信怎麼會有這麼好的事,於是紛紛透過電話或直接來店面詢問。

中國時報、自由時報、聯合報、民生報
頭版廣告,以及民生報影劇版活動倒數
宣告。

消費者的反應與我們事前預期的相同，於是啟動第二波文宣作業：把活動訊息透過店舖的 Poster、桌立牌、橫布條等，正式對外宣告，確認這是一個「真實」的行銷活動，適時解答消費者的疑惑。

3. 引爆日：「十朵玫瑰」讓媒體也瘋狂

正如所料，活動日前一晚十點鐘，各店已開始出現排隊人潮，而活動當天全台各店都是人人手持十朵玫瑰、盛裝赴宴的消費者；花店老闆眼見有商機，也推車前來賣玫瑰花。

活動當日，四大報的頭版刊出了王品預先買下的廣告，預告「您送十朵玫瑰，我請千元盛宴」活動訊息。在廣告與排隊人潮的加持下，引起媒體的高度關注，電視台出動七部 SNG 轉播車，進行全程直播。SNG 新聞連播了兩天，平面媒體報導累計超過 40 篇，網路報導更是不計其數，經過推算，新聞報導價值超過 1.08 億。

4. 深耕期：品牌形象廣告打鐵趁熱

「十朵玫瑰」事件獲得媒體大幅報導:「王品透過十朵玫瑰，換上新裝新菜色，處處展露新意……」不但創造了前所未有的話題，也再度引起網路

上的熱烈討論，把王品年輕活力的形象帶給消費大眾。

事件行銷活動落幕，品牌形象廣告立即上場。品牌廣告在「只款待心中最重要的人」策略主軸下，推出了「貴在真心」生日篇、結婚篇、生意篇及朋友篇四則，並買下三十個雜誌版面同時刊登，向消費者溝通：在每一個重要時刻，款待心中最重要的人。這是王品近十年來，唯一一次大幅度購

1 七部電視台 SNG 車齊集，採訪王品十朵玫瑰活動。

2 活動結束後，王品各店前花團錦簇。

3 當年適逢 SARS 來襲，消費者帶著口罩接受訪問。

4 「貴在真心」系列平面廣告。

買媒體廣告。

四階段整合行銷傳播活動，重新吸引年輕人消費、老客人回流，徹底讓品牌年輕化，再度擦亮「王品」這塊金字招牌。在大環境不景氣、SARS 來襲下的 2003 年，全年業績仍然成長 25%，創下成立以來的最高獲利分紅。活動結束後續的媒體約訪，更是多到讓戴董事長更改出國行程。

王品的品牌再造工程，可說是一個扎扎實實的整合行銷傳播活動，它的成效說明了一件重要的事：IMC 的成功，必須從上到下（品牌定位、行銷組合、傳播組合）一以貫之，它絕對不只是一個廣告或活動。

對於想建立自有品牌的企業來說，整合行銷傳播無疑是建立品牌最好的策略架構。透過縝密的規劃，IMC 不僅不會花很多錢，還能以最有效的方式讓品牌更成功。

| 品牌筆記 |

整合行銷傳播活動，包括事件行銷、廣告、記者會、店舖宣傳等，都整合在品牌定位策略下，讓每一個行銷動作、語調都具有一致性。

第二部

多品牌定位篇

王品集團的多品牌策略

「你們今年要推什麼品牌？」這是近年幾乎每個場合都會被問到的問題。如果沒有推出新品牌，似乎也成了公司經營的壓力。

台灣的市場很小，王品集團經營多品牌，走的是一條辛苦的路，也是一條不得不走的路。王品牛排是王品集團的第一個品牌，走的是高價位，只能吸引金字塔中、高層的客人，市場規模有限。為了公司的成長，只有兩條路：一是走向海外，一是進行品牌延伸。於是，公司制定了「發展多品牌、區隔市場」的策略！

外人看王品集團的多品牌發展，多是看到成功的一面。事實上，多品牌發展面對的困難也是多面向的。因此，公司在不同階段制定了不同的發展速度，可歸納成五個階段。

一開始，戴董事長喊出「一年兩個品牌」，於是經營團隊一口氣創新了六

個品牌，包括西堤、陶板屋、原燒、聚、藝奇、夏慕尼。由於發展太快，大家開始吃不消，不僅營業單位人力培養不及，總部的管理能量也還不健全。

維持給顧客高品質的饗宴，一直是我們的信仰，於是第二階段的品牌發展，便放慢腳步為「一年一個品牌」。這個階段誕生了品田牧場、打椒道。打椒道雖未成功上市，但也確立公司將走向平價餐飲的路線。

此時王品集團已有八個廣受消費者歡迎的品牌，但由於走的都是中、高價位，根據評估，沒有一個品牌可以達到百店規模。於是啟動第三階段「一個百店品牌」，石二鍋就是在這樣的背景下誕生。200 元以下價位，不強調精緻的服務，也不向客人收取服務費，打破王品集團一向的慣例。

王品集團的多品牌發展歷程

2010 年，地球暖化現象日趨明顯，國內外對於環境保護也有更多的認識，為了順應這股時代潮流，戴董事長提出，縱使無法獲利，也要研發「一個蔬食品牌」。王品集團第一個無肉餐廳品牌「舒果」，便在王國雄副董的帶領下，於同年 8 月誕生了。

2011 年，是公司跨出大中華區的歷史性時刻，訴求和風創作料理的陶板屋搶得頭香，在泰國曼谷開幕。然而，除了石二鍋，其他九個品牌都是強調具有差異化的創作菜色及精緻臨桌服務（有別於國際連鎖品牌麥當勞和星巴克的臨櫃服務），跨國複製與管理皆不易。於是，在王品黃金十年、達到千店的目標下，啟動了「一個跨國品牌」的計畫。

2011 年 10 月，王品集團再誕生一個更具有國際化概念的品牌「Famonn Coffee」曼咖啡。此時，王品集團已有十一個品牌，成為國內外少見，擁有並管理橫跨不同價位、不同類別的多品牌餐飲企業。

| 品牌筆記 |

為了公司的成長，只有兩條路：一是走向海外，一是進行品牌延伸。於是，公司制定了「發展多品牌、區隔市場」的策略！

02

掌握餐飲業的行銷特質

經營餐廳，是一個進入門檻很低的行業，也是一個成功門檻甚高的行業。怎麼說呢？進入門檻很低，是因為人們以為只要會做菜就可以開餐廳，所以街頭巷尾大小餐廳林立；成功門檻甚高，是因為餐飲業是人的行業，而人不是機器，很難持續保持顧客滿意的菜色及服務，所以街上餐廳開開關關，也就見怪不怪了。

經營面尚且如此，更遑論經營一個傑出的餐飲品牌了。要在餐飲業建立品牌，我認為要先瞭解並掌握餐飲業行銷的五個特質。

1. 菜色決定成敗，但不代表一切

好吃的菜色並不代表餐廳一定會成功，但菜色不好吃，餐廳很快就會倒閉。（就如廣告業的名言：廣告不是萬能，但沒有廣告萬萬不能。）畢竟消費者最終消費的是食物，食物若不好吃，客人便不會再度光顧。

可是光有好吃的食物也不夠，有許多好吃的餐廳仍然乏人問津，可能因為服務態度惡劣，可能是裝潢老舊，可能陳設與時代脫節，可能未推陳出新、滿足多變的消費者……還有太多可能，使得一家好吃的餐廳最終關門大吉。

2. 菜色做不好是減分，服務做得好是加分

消費者來到餐廳消費，好吃的菜色是基本需求，菜色若不合客人口味，下次就不會再來，是謂減分；但消費者願意持續到同一家餐廳用餐，不光只是菜色的誘因，還包括許多附加價值的創造，比如親切的服務人員、美麗的裝潢，甚至是體貼地為客人唱生日歌、拍照，最後讓客人留下難忘的回憶。這些附加價值的創造，是謂加分。

所以，菜色不能出問題，附加價值則多多益善，縱使做的還不夠，也可接受。

3. 相較一般消費性產品，更重視消費體驗

好吃的菜色雖然很重要，但在講究生活品味的現代社會，好吃只是品牌成功的基本條件，因為消費者已從追求物質上的滿足，延伸到精神上的享受；不僅為求吃飽，也要吃「裝潢」、吃「品味」。行銷大師柯特樂（Philip Kotler）曾說：「好餐廳的美食和用餐體驗同樣重要。」

例如，消費者去星巴克，不只是為了喝一杯咖啡，也在享受咖啡文化；到王品用餐，不只是為了一客牛排，也為體驗王品款待重要貴賓的優質服

務。因此，餐飲業的品牌行銷，就在於如何做好顧客的消費體驗，這是餐飲業品牌與一般消費性產品品牌的最大不同處。至於要提供給消費者何種體驗，就是品牌定位要說清楚的事。

4. 品牌定位決定全方位體驗設計

柯特樂認為：「每一個店家都會提供服務，但你面臨的挑戰是，如何陪著你的顧客體驗一場令人難忘的經驗。」這說明，目標客層的需求決定了體

來到王品，感受宴客的尊榮體驗。

驗設計，決定了品牌定位的走向。

就餐飲品牌的客層而言，因為要滿足的需求不同，因而呈現不同的品牌定位。例如，為了彰顯宴客的尊榮體驗，而有定位於「只款待心中最重要的人」的王品；為了克服傳統燒肉用餐環境的暗、髒、擠，而有定位於「原汁原味的好交情」的原燒；為了滿足朋友、家人、同學圍爐相聚的體驗，而有定位於「相聚的感覺真好」的聚北海道昆布鍋。

因此，品牌定位可以源自於客層的心理需求（王品）、源自於解決客人的用餐環境問題（原燒）、也可源自於消費時機（聚）等各種不同的切入點，而成敗的關鍵，

來聚圍爐，體驗聚在一起的感覺真好。

就在於能否將品牌定位進行徹底深化。

5. 貼近消費者甚於競爭者

行銷一般的消費性產品（如食品、日用品、信用卡、通訊產品等），行銷人員必須對競爭者的一舉一動非常敏感，必要時還得迅速採取反制行動。好比某電訊業者推出網內互打免費，另一業者就馬上推出網外互打更低價，來削弱競爭者的力道。

在餐飲業，一來行銷活動不像其他消費品那麼多，二來消費者的口味不容易在短期改變，所以，經營餐飲業，需要花更多時間去貼近顧客的需求、生活、嗜好，把客人當情人般地侍候，牢牢抓住顧客的心。

經營餐飲業，表面上看起來似乎是把菜色做好、把服務訓練好、把餐廳裝潢好就大功告成，如果只是這樣做，就沒有經營品牌的概念。以前也許可以，但如今的餐飲業已進入「重視感官體驗甚於滿足口腹之慾」的時代，屬於成熟的產業，競爭非常激烈，若要持續成功，一定要建立品牌定位的觀念與做法。

| 品牌筆記 |

要在餐飲業建立品牌，必先掌握餐飲業行銷的五個特質：1. 菜色決定成敗，但不代表一切；2. 菜色做不好是減分，服務做得好是加分；3. 相較一般消費性產品，更重視消費體驗；4. 品牌定位決定全方位體驗設計；5. 貼近消費者甚於競爭者。

03

紅三角酷，深耕多品牌

「你們有這麼多品牌，為什麼能把每個品牌都做得很不一樣？」這是對王品有興趣的人常會問到的問題。

簡言之，就是要把「品牌定位」徹底實現。

餐廳每日需要為客人做的事，不超過三件，即提供美味的菜色、優質的服務、適當的氣氛。這三件事以品牌定位為中心，菜色、服務、氣氛在三個角落，剛好畫成一個三角形，在王品，我們把它稱為「紅三角酷」，每個全職同仁都受過這個訓練。

要經營多品牌，就如同射飛鏢，而「紅三角酷」就是靶心。如何射中靶心，就要焦點深耕。

「紅三角酷」是餐飲品牌的「靶心」，也是經營品牌與消費者關係的最高指導原則，任何與「紅三角酷」相衝突或傷害它的做法都會被排除。「紅

三角酷」聽起來簡單，實際上卻是大有學問。

I. 菜色研發

一般總以為只要研發出好吃的菜色就可以了，為什麼要有品牌觀念？那不是太麻煩了嗎？

曾經有位區經理問我，主廚研發的壽司那麼好吃，為什麼不能成為陶板屋的一道菜？有了品牌定位，這便是一個很容易回答的問題。因為陶板屋的菜色定位是和風創作料理，壽司與陶板屋的菜色定位不相符。

有人進一步問，可是消費者也喜歡吃啊？有何不可？

答案也很簡單，如果放大到市場來看，為何麥當勞不適合賣和風醬蓋飯？Pizza Hut 不適合賣蔥油餅？這兩種食物消費者也都很喜歡吃啊！

既然已經決定發展品牌，就不能缺乏焦點或模糊焦點，這樣會不知不覺傷害品牌與消費者的關係。

紅三角酷

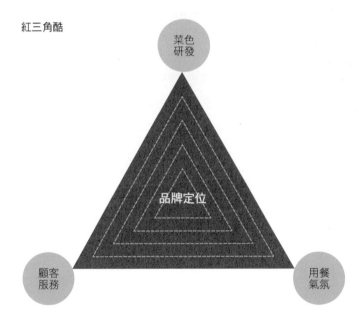

2. 顧客服務

總有人會問，服務不是都一樣嗎？為何與品牌有關？

好的服務設計，要能傳達品牌的主張給顧客知道，從人員服裝、言談舉止都在傳遞品牌的個性。想像一個戴著 CK 腕錶、穿著 Timberland 服飾、有著陽光般笑容的人，你對他是都會時尚的認知，絕不會認為他來自偏僻的鄉下地方。再者，穿著鮮麗服裝站在門口以燦爛笑容大聲歡迎客人，會讓客人感受到歡樂的服務；若是穿著黑色套裝加上一個深深的鞠躬，則會讓客人感受到嚴謹有禮的服務。

因此，五星級飯店力求尊貴優雅的服務，速食店著重快速互動的服務，都是為了強化品牌特質。在王品集團，每一個品牌的服務設計都力求實現品牌定位，所以有王品的「尊貴」服務，西堤的「熱情」服務，陶板屋的「有禮」服務等；更進一步，有「化蝶五部曲」（請參考遠流出版《敢拚能賺愛玩》一

王品集團每一個品牌的服務設計，都力求實現品牌定位。

1 聚傳達的是熱忱。

2 曼咖啡傳達的是時尚。

3 藝奇傳達的是寵愛。

書），針對不同的用餐需求，提供適客化的服務。

3. 用餐氣氛

用餐氣氛與餐廳裝潢有絕對的關係，當然也大大影響著品牌。

一般總以為把餐廳裝潢得漂漂亮亮就好了，裝潢就是裝潢，與品牌有什麼關係？殊不知，裝潢是消費者最能感受品牌企圖的第一關，消費者在還沒消費之前，所接觸、所看到、所感受到的盡是裝潢呈現出的用餐氛圍。通常第一次來店的客人，也多是被店舖用餐氣氛所吸引。

因此，用餐氣氛與品牌的關係，在於營造消費體驗。例如，原燒為了打破傳統燒肉以男性客層主導的市場，設計了無煙、舒適、現代日式的裝潢，並以清新純真的海芋裝飾店舖，營造原汁原味好朋友的用餐空間。

「紅三角酷」代表的三個經營層面，必須在品牌定位的最高指導原則下進行。「紅三角酷」讓事業經營在多品牌的茫茫大海中不會失焦，並能建立具有差異化的優越性特色，贏得消費者的認同。

| 品牌筆記 |

餐廳每日為客人做的事，不超過三件。這三件事以品牌定位為中心，菜色、服務、氣氛在三個角落，剛好畫成一個三角形，在王品，我們把它稱為「紅三角酷」。

04

品牌定位，企業的命脈

究竟餐飲品牌應該如何定位？又該擁有哪些內涵呢？

近十年來，品牌已成為經營的顯學，不僅在國際間，台灣也是如此。實務界及學術界創造的名詞可說琳瑯滿目，有時還真教人無所適從。

品牌定位是各家學說各顯神通，有的定義太廣泛，實務上無法操作；有的定義太多形容詞，抓不到具體內涵；有的定義太跳躍，缺乏邏輯性；再加上每個人對同一名詞的定義不一樣，常常造成理解上的困難。這是品牌很難被實踐的原因之一。

我從過去為廣告客戶行銷品牌的經驗，加上在奧美整合行銷傳播集團所接受的品牌管家訓練，以及在學術上對品牌領域持續的探索，接觸到的這些品牌理論，大都集中在探討及研究消費品的品牌管理，缺乏對通路品牌的觀點。因此，我綜合以上的經歷與學習，發展出適合餐飲業的品牌定位模

式,並在內部不斷接受實務的試煉與修正,成為今日王品集團定義多品牌定位的架構——BrandInsight。

餐飲的品牌定位,從有形的產品,到無形的品牌核心價值,可以劃分為五個具有層次的內涵,稱為「五層紅三角」(Five Triangle BrandInsight),即產品屬性(Product Attribute)、品牌利益(Brand Benefit)、品牌個性(Brand Personality)、品牌體驗(Brand Experience)及品牌承諾(Brand Promise)。我以原燒為例,逐項說明:

王品集團的品牌定位模式(BrandInsight)

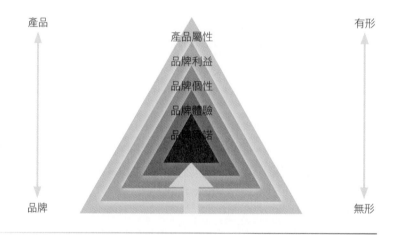

1. 差異化的產品屬性

首先要問，我們的菜色、服務、用餐氣氛有何獨到之處？這獨到之處是否比競爭餐廳具有優勢？對消費者是否具有意義或吸引力？

例如，原燒將菜色定位在「優質原味燒肉」，提出「燒肉西吃」、「三八烤肉法」；在氣氛上，提供一個與市面燒肉店截然不同的「乾淨、現代、優質」的用餐體驗。這樣的定位，在於區隔傳統燒肉店，滿足現代時尚族群的用餐需求。

2. 產品屬性衍生的品牌利益

顧客到餐廳消費後，產生的有形利益是什麼？這部分的定義有兩個：其一，一定要能提供「彈舌」的菜色；其二，對平價品牌而言要讓顧客感覺「物超所值」，高價品牌則要「物有所值」。

例如，原燒提供的優質原味燒肉，不僅讓客人品嚐到原汁原味的鮮美，同時置身在無煙（味）、舒適、優雅的用餐環境，享受美食無負擔。（在一般的燒肉店吃完後，身上會附著濃濃的油煙味，且醃漬醬

原燒的「燒肉西吃」、「三八烤肉法」，
形塑獨特的產品屬性。

料過多也形成身體負擔。）美食加上整體服務，讓客人感覺物超所值。

3. 目標客層認同的品牌個性

如果把餐飲品牌比喻為一個人，「他」會是怎樣的一個人？男的、女的？年輕的、成熟的？沉穩的、冒險的？時尚的、古典的？我們相信，消費者會選擇他們所認同的品牌個性，而品牌個性在消費者消費時即已潛移默化於心中。

例如，原燒既然講究原汁原味、乾淨、現代、優質的用餐氣氛，反應在品牌個性上，就是不矯揉造作的「純、真」個性；反應在品牌行銷做法上，則一切要求單純、俐落，區隔市場上繁複、傳統的燒肉店。

4. 創造具有記憶點的品牌體驗

顧客到餐廳消費後，產生的無形利益是什麼？消費體驗是品牌的無形利益，是消費者對菜色、服務、氣氛及行銷活動的整體感受，有時難以被消費者具體且完整地描述。餐飲行銷尤需重視整體的消費體驗。

例如，原燒除了有形的原汁原味產品利益外，也致力於營造一個讓朋友的純真情誼在燒烤中愈燒愈旺的用餐體驗，也因此，朋友聚餐成為原燒的主要客群。

5. 提供消費者長期的品牌承諾

品牌承諾是上述四項品牌元素的總和與濃縮，是品牌長期想要提供給消費

者的核心價值，最好能以一句簡潔有力的文字來表述，並成為品牌宣傳的標語（Slogan）。

品牌承諾可以是品牌的功能性利益，如 ASUS 的「華碩品質，堅若磐石」；也可以是品牌的價值觀，如 LEXUS 的「專注完美，近乎苛求」。原燒則以「原汁原味的好交情」，訴求朋友間的純真情誼，在炭火間交融。

行銷大師柯特樂認為，「行銷的決策就是要主導企業的決策」，同時指出「90% 的行銷在商品上市前完成」，其實指的就是品牌定位。

戴董事長曾經在會議上對一級主管說：「品牌定位是企業的命脈。品牌定位需要隨時創新，但不能變調。品牌定位比創業還難。」足見品牌定位是建立傑出品牌的原點。

| 品牌筆記 |

餐飲的品牌定位，從有形的產品，到無形的核心價值，可以劃分為五個具有層次的內涵，稱為「五層紅三角」，即產品屬性、品牌利益、品牌個性、品牌體驗及品牌承諾。

05

形塑個性，強化品牌認同

為什麼品牌要有個性？

品牌如同人一樣，不只要有個性，還要有一致的個性。如果言行不一致，沒有信用，朋友就會遠離他，成功也會離他愈來愈遠。

品牌大師艾克說：「品牌有個性，可讓你的品牌與眾不同。」從 Harley-Davidson（哈雷機車）的野性、Tiffany（蒂芬妮）的浪漫、Coca Cola（可口可樂）的歡樂，我們便可知道，鮮明的品牌個性，將贏得更多的品牌忠誠度。

形塑品牌個性，是企業最弱的一環。企業的管理階層可能擅長目標訂定、策略發展、制度設計，但對無形的品牌個性，常常束手無策，要不就委託顧問公司。

訂定品牌個性，可以把品牌想像成一個人，然後從人口統計、生活型態、

1 西堤，是熱情的年輕人。
2 舒果，是美麗的輕熟女。
3 夏慕尼，是浪漫的詩人。

心理層面加以描述，再根據這些描述，轉化成一種淺顯易懂的個性。

就人口統計而言，你期待這個品牌是男的、女的，還是中性的？是年輕的、成熟的，還是老少咸宜的？就生活型態而言，品牌喜歡從事什麼活動？它的興趣是什麼？它與人相處時會發表什麼意見？就心理層面而言，它的價值觀是什麼？心裡有什麼渴望？……根據以上內容，我們可能會得到諸如「年輕的冒險家」、「純真的少女」、「熱情的青年」等等個性定義。

定義品牌個性，並非憑空想像。我認為，選擇品牌個性，就等於決定一個人的命運，因此可從相關性、需要性、差異性、簡單性及執行性等五個角度加以審慎評估。

相關性：指的是所設定的個性，是否與產品、服務或顧客相關。例如，西堤的個性是「熱情的年輕人」，主要跟消費對象多為年紀輕、有活力的上班族有關。

需要性：指的是所投射的個性，對消費者要具有品牌利益。例如，Calvin Klein 的性感訴求，對時尚內衣品牌的愛好者構成了致命的吸引力，甚至為了認同這樣的個性，願意付更高的價格來購買。

差異性：指的是所定義的品牌個性，要與競爭對手有所區隔。例如，新飲料若定義在歡樂，怎麼樣也超越不了 Coca Cola。

簡單性：指的是所定義的個性要淺顯易懂，簡單的文字即可直達人心。例如熱情、自然、貼心。

執行性：指的是所定義的個性要易於轉化為執行。有些個性難以表現，或難以在平面媒體呈現，如此便無法達到與消費者的有效溝通。例如悶騷、堅持。

品牌個性並非要同時符合這五個評估指標，但是符合的項目愈多，成功的機會就愈大。

我也發現到，大部分的企業不是沒有為品牌定義個性，而是沒有有效傳達。很多企劃人員誤會了，以為品牌個性是要寫下來跟消費者溝通，例如「我很性感」或「我是一個叛逆的人，不隨波逐流」。其實，最有效的溝通方式，是把文字轉化成視覺表現。例如 Calvin Klein 表現性感的手法，就是擺出令人遐想的姿勢；若想表現叛逆，只要身上有大片刺青、穿著奇裝異服，就足以傳達。

品牌有了個性，才開始由「物」變成「人」。形塑個性，就是形塑對品牌的認同。

| 品牌筆記 |

選擇品牌個性，就等於決定一個人的命運，因此可從相關性、需要性、差異性、簡單性及執行性等五個角度加以審慎評估。

06

品牌體驗，全方位利益

「一個壞的品牌體驗，會讓你終生失掉一個顧客。」善於創造體驗的 Starbucks 創辦人舒茲（Howard Schultz）如是說。可見美好的品牌體驗可以留住客人。

十年前，《體驗行銷》（Experiential Marketing）一書出版，掀起體驗經濟的高潮，然而並未大流行。主因在於消費性產品的品牌仍佔市場大宗，而產品品牌大多訴求產品的功能性利益，比如冷氣就是要強冷省電、電視就是要色彩鮮艷。相較於產品品牌，通路品牌不只販賣產品，也提供消費空間，比如餐廳、咖啡館。這就是通路品牌與消費品品牌在行銷上最大的差異處，也是可以好好著力的地方。

體驗是視覺的、感性的、氛圍的，可以感受卻又帶不走，持續累積就能成為品牌的長期競爭優勢。新加坡航空所提供的座艙空中體驗，便是當中的

入店用餐，顧客的五感體驗全然開放。尤其不要忽略了桌面擺設的美感，還有櫃檯與化妝間的清爽乾淨。

佼佼者。

體驗一如整合行銷，必須是全方位的，不能在媒體上說得很精采，來到店裡消費卻是另一回事。創造全方位體驗並不全是零售店裡服務人員的事，而是 360 度接觸消費者的過程，然而當中讓顧客掏錢消費體驗的地點是在店裡，所以它的重要性遠超過一切。

餐廳，既要重視餐也要重視「廳」，廳的氣氛要好。行銷大師柯特樂說：「好餐廳的美食和用餐體驗同樣重要。」清楚指出，經營餐飲品牌就是要經營體驗！

體驗的經營可區分為外部和內部。

外部體驗：是指消費者尚未進入餐廳前接觸到的所有文宣，包括廣告、店招、POP、官網、eDM 等，這些文宣都必須符合時代的美感與品味，才能引起消費者的好感度，進而來店消費。如果做不到位，就會聽到「這家餐廳很俗，東西一定不怎麼好吃」之類的評價，因而錯失第一次接觸的機會，菜色再好吃也枉然。

內部體驗：是指消費者進到店裡時感受到的氛圍，又分為入店時、用餐前、用餐中及用餐後等四項。入店時最直接的感受就是餐廳的裝潢氣氛，裝潢氣氛也決定了客層（是價位以外最重要的因素）。太高級貴氣的裝潢，年輕人不敢進去；燈光太昏暗的裝潢，年紀大的人不喜歡。

入店時，五感體驗才正開始。聽覺上，是否聽到熱忱的招呼聲、悅耳合宜

的音樂聲；視覺上，裝潢氣氛是否品味得宜、各項牆面裝飾是否具有美感；嗅覺上，甚至店裡傳來的氣味都會讓客人留下深刻印象。AVEDA 是草本植物香氛保養品牌，來到 AVEDA 店裡，除了聞到自然芳香的氣味，服務人員還會遞上一小杯康福茶，讓你感受 AVEDA 式的歡迎。

用餐前的體驗，包括桌面擺設、菜單等。菜單通常是顧客除了水杯外第一個接觸到的店內物品，菜單設計的美感與質感，決定了消費者對菜色的預期。

用餐中的體驗，主要包括餐具、菜色等。優質的餐具可以提升菜色的美感，讓食物看起來更好吃。在王品，我們用「三哇」來評量菜色，第一哇指的就是餐點端上桌，顧客光用眼睛看就會興奮地「哇」出來。（註）

用餐後的體驗，就是離去之前會做的事，包括上化妝間及到櫃檯結帳。化妝間基本上一定要乾淨無味，很多客人會以化妝間乾淨與否，來論斷一間餐廳的水準。結帳服務是由會計人員負責，由於被定義在行政人員，訓練往往很容易被忽略。我曾有一次到便利商店買咖啡，因結帳人員粗聲回話，破壞了喝杯咖啡的心情。

如果客人選擇親自到櫃檯結帳，櫃檯立刻成為客人目光的焦點。一般餐廳櫃檯很容易擺放雜物，好比開幕時廠商送的金錢樹、招財貓，或者店長生日時男朋友送的花等等，這些物品都會破壞餐廳品牌想要營造的質感。殊不知櫃檯是客人離去前最後的印象所在，不可不慎！

最後，如果能在顧客離去前，來個貼心的歡送或禮品，必定讓顧客帶著滿

註：第二哇是放到嘴裡時：「WOW！怎麼這麼好吃！」第三哇是買單時：「WOW！怎麼這麼便宜！」

滿的感動離開。

米其林評比中，第一顆星給了食物，要得到第二、第三顆星，除了食物，還必須由服務和氣氛等多項因素共同決定。

一般消費品行銷講究「產品利益」；服務業行銷重視「消費體驗」；餐飲業行銷則是「產品利益」和「消費體驗」兩者並重。

食物好吃是必然，美好的體驗才能讓食物昇華，讓品牌永續。

| 品牌筆記 |

通路品牌不只販賣產品，也提供消費空間，比如餐廳、咖啡館。這就是通路品牌與消費品品牌在行銷上最大的差異處，也是可以好好著力的地方。

各品牌的禮贈品精緻多樣，帶給顧客滿滿感動。由左至右、由上至下依序是：原燒的便當盒、王品的玫瑰花香沐浴乳、夏慕尼的法式隨身桌邊掛勾、藝奇的便條夾創藝立方體筆座、品田牧場的大麥豬御守、聚的杯蓋、聚的筷子七彩色筆、陶板屋的杯疊壺、夏慕尼的浪漫抒情 CD、西堤的花漾靠枕、原燒的盤組、舒果的水果 Memo 紙。

07

品牌承諾，永續經營信念

聆聽一場音樂會，有開場的震撼旋律，有中場的美妙音符，但若結束前沒有帶給聽眾深刻的樂聲，彷彿便少了記憶點，也少了期待再次演奏的餘韻。品牌承諾（Brand Promise）在品牌經營中，正扮演了這樣的角色，要讓消費者期待，要讓一切活動聚焦！

品牌承諾，是品牌長期提供給消費者的核心價值，通常以一句簡潔有力的文字來表達。為了便於行銷操作，這句話最好直接發展為品牌對外宣傳的標語，才不至於只是硬梆梆的企業語言，讓消費者聽不懂或沒感覺。例如，王品牛排的核心價值是「款待重要貴賓」，轉化為對消費者的品牌承諾和標語，便是「只款待心中最重要的人」。這句話也緊隨著品牌行遍天下。

品牌承諾，是從品牌帶給消費者的產品屬性、品牌利益、品牌個性、品牌體驗所萃取而成，也是品牌定位的核心價值。它的形成也要同時滿足企業

觀點、競爭觀點，及顧客觀點。

企業觀點：不論是產品或服務，必須是企業做得到，顧客也感受得到的，不然只會淪為一句口號。例如，聯邦快遞（FedEx）的「使命必達」，就將品牌承諾發揮到極致，絕對讓你委託的包裹即時安心送達；如果是「We are family」，比較像是企業內的價值觀，身為一名消費者，很難感受企業或品牌如何把你當成一家人，因為若是一家人，那麼品牌就必須與消費者禍福與共了。

競爭觀點：在於品牌承諾不可與競爭品牌有相似性，特別是那些比你更強的品牌，否則只是為人作嫁，也會被誤認為抄襲，淪為二流品牌。

顧客觀點：所做的承諾一定要從顧客的角度出發。從以下知名品牌的定義，又可分為產品面、服務面、態度面、價值觀、生活型態、未來期待等不同角度的訴求。

產品面，如 ASUS 的「華碩品質，堅若磐石」
服務面，如王品牛排的「只款待心中最重要的人」
態度面，如 NIKE 的「JUST DO IT」
價值觀，如 Nokia 的「科技始終來自於人性」
生活型態，如 Panasonic 的「ideas for life」
未來期待，如 Hitachi（日立）的「Inspire the Next」

品牌承諾只是開始，讓消費者有感受才是王道。事實上，很多品牌都有標語，但大多束之高閣。企業的所作所為，一定要落實品牌承諾，並把它「做

大」，否則只是一句口號。

除了少部分品牌擁有龐大的廣告預算，能夠把標語宣告得大眾皆知，大部

王品牛排的菁英手札，傳遞品牌承諾：
「只款待心中最重要的人」。

分品牌並沒有這麼幸運，因此最好的方法，就是在每一次的宣傳中置入品牌承諾，品牌資產就會一點一滴地累積。

史密特博士（Dr. Bernd H. Schmitt）在《體驗行銷》一書中提到：「企業花費許多金錢以獲得顧客青睞，卻缺乏傳遞品牌承諾，造成顧客的不滿與高度品牌轉換。」一語道出落實品牌承諾的重要性。

| 品牌筆記 |

企業花費許多金錢以獲得顧客青睞，卻缺乏傳遞品牌承諾，造成顧客的不滿與高度品牌轉換。

——史密特（Bernd H. Schmitt）

08

PPCB，催生新品牌

社會給予王品很多的肯定，包括經濟部優良品牌獎、台灣百大品牌獎、《天下》卓越服務獎、《遠見》服務品質獎、新世代最響往的民營企業第 6 名（餐飲業第 1 名）、幸福企業第 3 名等等。

社會的肯定，加上從事的又是民生行業，與每個人息息相關，也因此受到高度關注，比我過去從事的廣告業有過之而無不及。除了王品的企業文化，最常被問到的是：你們怎麼推出新品牌？又如何定義新品牌？

多品牌是公司的既定策略，大家比較有興趣的是：想法從哪裡來？

公司其實早有「定見」！姑且以「豐田模式」來歸納，豐田汽車的產品線有不同的價格帶，不同的價格帶有不同的副品牌，從 Yaris、Altis、Camry 到 LEXUS，消費群涵蓋了首購族、中產階級上班族、中高階主管及企業領袖。

王品集團創立新品牌的模式與「豐田」有點類似，不同的是在經營品牌的過程中，豐田的每個品牌都有 TOYOTA 的保證，王品集團的品牌則是獨立對外宣傳，比較像 P&G，消費者通常只知道幾個，弄不清楚到底有多少品牌。這主要與品牌經營的哲學有關。

在王品，我們採用 PPCB Model，做為發展新品牌的思維模式。第一個 P 是 Pricing，第二個 P 是 Product，C 是 Customer，B 是 Branding。

Pricing：王品集團經營的方向很明確，就是聚焦餐飲業，不做業外投資。所以，發展新事業的過程中，不必如行銷教科書所說的從搜尋產品開始，而是從要進入什麼價位的市場開始思考，也就是先決定要推出什麼價位的產品。

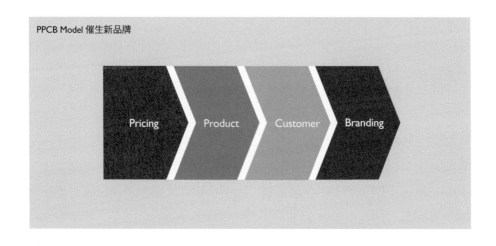

PPCB Model 催生新品牌

Pricing > Product > Customer > Branding

Product：有了明確的價格設定，便開始尋找適合該價位的產品。例如定價為 200 元，能做的產品不外是拉麵、義大利麵、定食、小火鍋等。接著再從設定的選項中，評估哪一個具有經營價值。評估的準則在於是否有足夠的市場規模，足以支持一個連鎖品牌的經營。

Customer：有了定價與產品，自然很容易設定消費對象。例如 200 元的平價小火鍋，不可能吸引目的性的消費對象，極少人會到小火鍋店慶祝結婚紀念日或情人節，如此會讓當事人覺得誠意不足。200 元是個較輕鬆、無壓力的價位，適合隨時想來飽餐一頓的消費者，不需要盛裝打扮，一個人想來就來，這就與高價品牌設定的對象與描述完全不一樣。

Branding：指的是「五層紅三角」（見頁 92）定義的品牌定位。產品之所以能成為品牌，是因為有形的產品加上無形的品牌概念，才能成為一個完整的品牌。

每一個優質的品牌，會在日常生活中逐步傳遞產品屬性、品牌利益、品牌個性、品牌體驗，最終傳遞一個核心概念給它的消費者，來使品牌保有永恆的生命。例如，NIKE 賣運動產品，也賣運動精神給它的消費者，而「JUST DO IT」正是 NIKE 具體的品牌承諾。

再如，王品集團的「聚」北海道昆布鍋，品牌概念設定為「聚在一起的感覺真好」，傳遞「吃火鍋也有相聚的感覺」，所以「聚」不用歡迎光臨，而用「歡迎來聚」；不用謝謝光臨，而用「歡迎再來聚」。在每一本菜單上，也印有「家人、朋友、同學聚在一起的感覺真好」。為了將品牌概念

發揮到極致，連用餐的桌子椅子也比一般標準低 10 公分，讓消費者感受到相聚不必有壓力。

PPCB Model 不是用傳統行銷 4P（註）的角度建立品牌，而是用品牌的高度在經營產品。

| 品牌筆記 |

Pricing、Product、Customer、Branding，PPCB Model，是王品發展新品牌的思維模式。

註：「行銷 4P」即產品（Product）、價格（Price）、通路（Place）及促銷（Promotion）。

第三部

十大品牌行動

01

新人的第一堂品牌課

若問王品集團與別的企業有何不同之處，其中一個就是，我們 10,210 位同仁，從高階主管到基層全職同仁，都在新人訓練時上過品牌課。「小細節大品牌」就是這門課的主題，講述要成為一個品牌所需的基本知識，有哪些事情可以做、哪些事情不能做。

企業主關心如何建立一個品牌，其實品牌就在我們的生活中。建立一個品牌，如同生一個小孩，生兒容易養兒難。一個品牌誕生後，常常被我們日常的不當作為把它給糟蹋了。

聯合利華（Unilever）前董事長佩利（Michael Perry）談及品牌時的經典名言：「為消費者建立品牌形象，就如同鳥兒築巢，隨手擷取的雜物稻草，最後都將成為品牌的一部分。」消費者分不清楚哪些是我們給它的養分或雜質，哪怕是一張促銷的 DM、店舖播放的一首音樂，或服務人員一個不

經意的眼神，她都認為這是品牌想要傳遞給她的訊息。如同鳥兒築巢般，從稻草到啤酒蓋都可能成為鳥巢的一部分，最後決定這個鳥巢是否堅固或漏水。

品牌就像一個人，一定有個獨特的名字，有它的個性，有它想做、能做的事，也有它不能做、不可做的事。如果你努力把個性表現出來，會有人支持你，也會有人反對你；如果你的個性不明確，就不會有人注意你，也不會有人反對你，當然更不會有人支持你。這就是我在「小細節大品牌」課裡分享的內容。

一位美國廣告公司的創辦人墨林（James X. Mullen，《The Simple Art of Greatness》一書作者）就這麼說：「品牌在某方面跟做人很類似，總有些日子你會比較高興或比較難過、比較輕鬆或比較嚴肅；有些場合你得穿上整套九件式禮服，有些場合你可以穿牛仔褲和T恤。不管是任何心情或場合，總有些事你會堅持要做，有些事你卻絕對不會做。瞭解你的人，可以很精準地預測這兩者。」

至於哪些事情你該做、哪些事情你不該做，「品牌定位」就是最高的指導原則。在多品牌策略下，品牌定位由「五層紅三角」所構成，分別定義：差異化的產品屬性、產品屬性衍生的品牌利益、目標客層認同的品牌個性、具有記憶點的品牌體驗，最後是陳述對消費者長期的品牌承諾。

由「五層紅三角」衍生，再為每一個品牌量身訂製「十大品牌行動」，做為日常作業的最高指導原則，包括：品牌命名、品牌識別規範、裝潢氣氛

定調、服務個性、服裝儀容、店舖音樂、餐具選用、菜色研發、菜色命名、
行銷活動共十個行動。

要達成這十大品牌行動並不容易，端賴企業是否相信品牌是一點一滴的累
積，並堅持徹底執行，最後被消費者所感受，而這些感受已超越產品，於
是品牌開始活在消費者心中！

| 品牌筆記 |

哪些事情你該做，哪些事情你不該做，「品牌定位」就是最高的指導原則。

五層紅三角與十大品牌行動

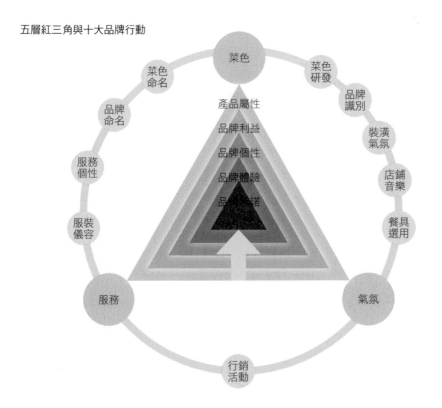

02

品牌命名，贏在起跑點

每當談到命名，我便恍如做了一場惡夢！

我始終記得在廣告公司任職時，為了替某一新飲料命名，客戶要求每週要提出新名，卻遲遲不下決定。第一次命名，按照我方專業角度提出，客戶聽完後，希望也能用英文命名，於是回家猛翻英文字典，提了許多英文名，豈知客戶又說 PC 正流行，想要用電腦來命名，諸如 DOS、Window、Power 都出來了，結果客戶仍希望再提出不同方向的名字，包括流行歌曲、年輕人用語、電影名稱……如此工作持續了半年，平均每次提 50 ～ 100 個，產品上市前總共取了 888 個名字，最後客戶還是選了第一次的提案。

對於行銷人來說，什麼名字都可以被包裝，只是「效率」問題。好的名字溝通效率高，會加速品牌成功，例如「多喝水」；普通的名字也有可能成功，但要投入更多資源與時間等待。

什麼是好的名字？好名字至少要符合相關性、獨特性和簡單性，且沒有負面聯想。相關性可從三個角度切入，就是要與品牌概念、產品概念或核心對象任一角度有關。例如，「聚」北海道昆布鍋，吃火鍋就是要圍爐團聚，與品牌概念有關；「iPhone」賣的是 internet phone，與產品概念有關；「TravelMate」是給旅人外出用的筆記型電腦，與核心對象有關。

獨特性則要避免與競爭者雷同的名字，進一步要有趣、好聯想。有些公司刻意把名字取的與領導品牌相似，如 KLG（與 KFC 相似），最終會被消費者識破，甚至招來法律訴訟，未蒙其利，先受其害。

簡單性就是名字要簡短、好發音、好記。蘋果電腦（Apple）就是一個經典的例子。有時一個非常獨特的名字，卻超出消費者經驗太多，可能不好發音又不好記，因此獨特性要伴隨簡單性，較易成功。

當品牌命名符合以上三項標準後，通常會再進行消費者測試。每一個消費者對名字都會有很多意見，此時要觀察的是，消費者對名字是否有正面聯想或負面聯想，正面聯想愈多愈好，負面聯想則要絕對避免。有時品牌需要跨國或跨區行銷，為了慎重起見，對不同國家的消費者或族群進行負面聯想測試，也有其必要。

品牌大師艾克認為，「選擇一個名字，還要考量名字是否能包含視覺符號，或是用於標語。」「Apple」的符號就是缺了一角的蘋果，然而這不是每個品牌都能做到；有些符號則是後天賦予的，如麥當勞的「M」；有些品牌名可以跟標語緊密形成一體，如「格上租車，閣下至上」、「Intel

Inside」等，這也是可遇不可求。雖然如此，企業主也不用擔心，畢竟品牌成功的途徑很多，品牌名只是影響的因素之一。

一旦確認品牌名，一定要進行法律上的查詢與登記，才可開始使用。

| 品牌筆記 |

對於行銷人來說，什麼名字都可以被包裝，只是「效率」問題。

03

品牌識別，最佳吸睛資產

「我想把招牌改成黑底紅字，比較符合這棟建築和裝潢的質感。」這是空間設計師的建議，並畫了一張外觀與店招的示意圖給我們參考。的確，看起來極具高級感，有點令人心動。

原本紅底黑字的招牌，可以配合建築裝潢改成黑底紅字嗎？當然不可！當消費者尚未認識這個品牌時，最容易記得的就是商標的圖騰、顏色、字體，而這正是消費者最早接觸的品牌資產，如果將它改變了，形同消失在消費者的記憶中。

不妨試著回答：「當有人跟你提到麥當勞時，你會聯想到什麼？」最常得到的答案是金黃色拱門標誌或麥當勞叔叔。這就是品牌識別的一部分。而把顏色與圖騰使用得最好的，莫過於便利商店，當我們經過店面時，甚至不用抬頭就可以分辨那是「7-ELEVEn」還是「全家」，因為這些品牌已將

玫瑰	太陽花	薰衣草	海芋
王品 Wang Steak	TASTY 西堤牛排	陶板屋 和風創作料理	原燒 優質原味燒肉
尊貴	熱情	有禮	純真

天堂鳥	五葉松	鳶尾花	蒲公英
聚 北海道昆布鍋	藝奇 新日本料理	夏暴尼 新香榭鐵板燒	品田牧場 日式豬排‧咖哩
熱忱	寵愛	浪漫	幸福

王品以花為品牌識別

王品集團的品牌識別，主要以字體為圖騰、顏色為視覺所構成；同時，為了豐富品牌識別資產，中高價位的品牌都有一朵代表品牌的店花。這朵花的花語，代表了品牌個性，也是店舖布置時唯一可用的花材。例如，王品以「玫瑰」代表尊貴的待客之道，店舖裝潢則以玫瑰窗花做為隔間；原燒以「海芋」代表原汁原味的純真，店舖也以海芋的圖騰做為裝置藝術。從第九個品牌開始，進入平價發展時代，就不再應用花為品牌元素。

它們的識別圖騰、顏色、字體等，應用在門面的玻璃上。

品牌識別的建立與管理之所以重要，乃因消費者是透過識別來分辨與記憶品牌。到底品牌識別包括哪些層面呢？《品牌地圖》（*United We Brand*）作者摩瑟（Mike Moser）指出：「商場的競爭太劇烈了，品牌滿天飛，你不能只用一種感官。」他將識別符號依五感加以分類：

視覺：商標、產品外形、產品包裝、顏色、字體、版面、特效、建築外觀
　　　及制服
聽覺：配音、配樂
觸覺：觸感、溫感、質感
嗅覺：產品的嗅覺
味覺：產品的味覺

雖說擁有愈多的感官識別，就擁有愈雄厚的品牌資產，但不是每個品牌都要擁有五感識別，這跟產品的特性及所應用的宣傳媒體有關。

視覺是五感中最基本、也是最重要的，任何品牌都不能忽略，尤其是商標的圖騰、顏色和字體。近代的商標設計已少用圖騰，字體就是商標的一部分，如智慧型手機品牌 htc、網路搜尋引擎 Google、精品品牌如 Tiffany、COACH、ZARA 等。因此，只要出現商標，就要堅持原有的字體，才能形成一致的印象。

顏色是日常作業最容易忽略的。一個品牌通常可定義兩種顏色：主色和輔助色，如王品的主色是紅色，輔助色為灰色；原燒的主色是綠色，輔助色

為褐色。在應用上，要把品牌顏色置入到所有與消費者接觸的地方，包括文宣、店裝、名牌、制服等。與品牌不相關的顏色絕不能出現（縱使出現也不能搶了主色），所以王品店裝內不會有綠色，原燒則不會出現紅色。

字體與顏色的選擇，不僅是為了美觀，也代表了品牌個性，傳達了品牌管理者所預期給消費者的資訊。例如，印刷細明體給人現代、俐落的印象，而手寫字體則透露人文、自然的性格；Tiffany 的藍散發著私密的對話關係，而王品的紅則企圖傳達真心、誠摯的情感。

品牌識別最常運用到，卻最容易忽略。品牌識別是消費者最早接觸到的「品牌」，你不可不注意！

| **品牌筆記** |

商場的競爭太劇烈了，品牌滿天飛，你不能只用一種感官。

——《品牌地圖》作者摩瑟（Mike Moser）

04

裝潢氣氛，決定消費客層

到過巴黎的人都知道，香榭大道的精品店擁有寬敞的購物空間及著黑衣的服務人員，沒有消費能力的觀光客是走不進去的；而台灣坊間開放式的小店，卻讓人很容易親近。

這說明了什麼樣的店舖氣氛，決定了什麼樣的消費客層及品牌個性，這是除了價格因素外，影響客層結構最重要的原因。

餐廳屬於通路品牌，同時擁有產品和通路，在行銷溝通上，一方面要重視產品

王品集團旗下十一個品牌，呈現出截然不同的裝潢色調與氣氛。

的功能性利益（東西好吃），一方面要塑造給消費者良好的通路體驗。兩者缺一，便無法成為一個品牌。這也是行銷人最容易忽略的事，若一味強調產品利益，就無法把消費者的通路體驗管理好。

體驗行銷先驅史密特博士認為：「體驗媒介包括溝通、視覺與語言識別、產品呈現方式、品牌結合、空間環境、網站、電子媒體，以及人。」其中「空間環境」營造的就是「氣氛」。

多品牌的發展，重點就是要讓每一品牌有所區隔，因此，裝潢氣氛也要在品牌定位的最高指導原則下進行。

我經常觀察到，市場上一些餐廳或店舖的裝潢氣氛，與這個品牌訴求的客層、價位、品牌識別（如顏色、符號）、網站設計等，毫無相關甚至互相衝突。例如店舖設計成高貴的大紅色，官網的主調卻是沉重的黑色，或者根本找不到紅色的連結。

會有這樣的情形發生，在於未把「氣氛」列入品牌定位管理，且直接把空間裝潢交給設計師，最後設計師裝潢出他所認為的美感，卻與品牌定位無關。這種現象屢見不鮮，生活中也經常發生，好比新家交給設計師設計，裝潢好後才發現跟自己想要的不一樣。

要得到好的空間氛圍，如同要得到好廣告一樣，企劃人員必須對創意人員簡報，也就是國際性廣告公司常說的 Brief。

同理，要得到好的空間氣氛，品牌行銷人員必須對空間設計師進行「品牌

簡報」，簡報內容至少應涵蓋品牌定位、品牌識別元素、消費對象、產品內容、消費價位、想要的氣氛定位等。對於氣氛的描述，最好也能列舉一些國內外的案例參考，畢竟每個人的生活經驗不同，投射的想像也不一樣，透過舉例，可以讓大家在同一平台上討論。

設計師的提案，應有品牌行銷的資深人員參與，並以「品牌簡報」的內容來檢視提案，任何與品牌定位不符的事物或內容，皆不應出現在空間內。

投資一家新店，80% 的支出用在裝潢，裝潢氛圍又決定了消費客層，經營者豈能不回歸品牌呢？

| 品牌筆記 |

要得到好的空間氣氛，品牌行銷人員必須對空間設計師進行「品牌簡報」，簡報內容至少應涵蓋品牌定位、品牌識別元素、消費對象、產品內容、消費價位、想要的氣氛定位等。

05

服務個性化，突顯品牌特色

「個性決定命運」，對人是如此，對品牌亦有其重要性。品牌大師艾克說：
「品牌有個性，可讓你的品牌與眾不同。」

有一年到日本考察，看到百貨商場裡有一家 Cold Stone（酷聖石冰淇淋），
每個客人都顯得很開心，眼睛全都注視著服務吧台，原來 Cold Stone 的服
務人員一起唱著一首很歡樂的歌，現場氣氛都活絡了起來，頓時讓我感覺
這個品牌是多麼與眾不同。

最近有一位朋友跟我說，他要選擇到夏慕尼慶生。我問他為什麼，他說有
一次他去夏慕尼，看到服務同仁為鄰坐的客人唱生日歌，竟然是自行改編
的歌曲，跟傳統的生日歌很不一樣，讓他留下深刻印象，因此他想要親自
去體驗。唱生日歌也是服務，把生日歌唱得很不一樣，強化了品牌個性，
並產生磁吸效應。

音量、手勢和微笑，不同的品牌定位延
伸出不同的服務個性。

對一個餐飲通路品牌來說，店舖裝潢、音樂、餐具的選用等，在在都可以呈現一個品牌的個性。然而以人員服務來呈現品牌個性，是最直接、也是最困難的。

最直接，是因為消費者直接接觸到的就是服務人員，服務人員給他的印象，便形成這個品牌的個性；最困難，是因為每個服務人員要表現出一致的個性，得要經過許多訓練。

對於服務個性的傳遞，我曾與訓練部副總張勝鄉有很多的討論，在每一次服務訓練的研討中，確立品牌應該呈現的特色。每個品牌誕生時，「紅三角酷」就定義了該品牌的品牌個性，如王品的「尊貴」、西堤的「熱情」、陶板屋的「有禮」、聚的「熱忱」、原燒的「純真」等，我們就以這個定義做為服務個性的延伸。

綜合服務個性的研討，我認為有幾個行為動作，會明顯地影響到消費者對於服務與品牌個性的認知，一是音量，二是姿勢，三是手勢。

音量，是指服務人員說話聲音的大小與音階的高低。例如，為了呈現西堤的熱情，跟客人打招呼的用語：「Hi，歡迎光臨 TASTy ！」音量一定要大要高，如今已成為西堤的特色，也是消費者對西堤既年輕又熱情的印象。

姿勢，是指服務人員說話的同時，身體所做出的動作。例如，為了表現陶板屋有禮的服務特質，服務人員打招呼時要躬身 15 度，傳達以禮待客的誠意；又如，為了表現聚主人待客的服務熱忱，服務時甚至一腳跪地為客人點餐。這類例子做得最極致的，莫過於「鼎王麻辣鍋」服務人員在完成

每一個服務動作後，都要跟客人鞠躬90度。

手勢，是指服務人員說話的同時，手部所做出的動作。例如，西堤同仁在說：「Hi，歡迎光臨TASTy！」手要舉到頭上揮一揮，表示熱情的歡迎之意。

服務個性的傳遞，最直接也最困難，畢竟每個人都有喜怒哀樂各種情緒，執行時很容易產生落差，要維持並不容易。

| 品牌筆記 |

品牌有個性，可讓你的品牌與眾不同。

——品牌大師艾克（David A. Aaker）

06

服裝儀容，品牌質感延伸

記得早期我們還只有三個品牌時，我協同事業主管巡店，發現有一位同仁染了頭髮，並且把頭髮豎起來（這種現象現在已很普遍），當場被該主管糾正，叫他明天要把頭髮染回來。無論這件事處理是否恰當，反應了主管對服務同仁儀容的重視。

曾經有一次，我到某家餐廳用餐，服務生站在我旁邊點餐，剛好他的圍裙就在我平視的視線範圍內，只見圍裙上黏了很多小小的菜屑，我差一點逃出這家餐廳，因為讓我看了吃不下飯。

這兩件事都是內部管理的小事，卻讓我感受極深，原來服裝、儀容也必須加以定義，因為這是顧客形成品牌體驗的一部分。

服裝是指服務同仁穿著的制服，即品牌體驗的一部分，設計上當然要符合品牌定位。高價品牌要帶給客人尊榮感，如果穿 T 恤或花襯衫，就沒辦法

予人高貴的形象，會顯得過於休閒甚至隨便，所以高價品牌的制服通常都是深色襯衫，再輔以品牌的代表色做修飾。

平價品牌則剛好反過來，要帶給客人親切的感覺，這樣各階層的消費者才敢進來消費，如石二鍋，就是穿著Ｔ恤服務客人。

除了品牌定位，制服的設計也要考量「實用性」。制服是同仁的工作服，由於需要端著各種餐具盛裝的菜色或飲料，進行不斷地走動服務，非常容易流汗。坐著吹冷氣用餐的客人，很難感受服務人員的辛苦，有時候可以看到，客人一直說冷，服務生卻是滿頭大汗的情景。因此，制服的設計要兼顧透氣、排汗的功能。

制服的設計也要讓客人分辨得出誰是店主管。在正常狀況下，誰來做服務，客人都不會有意見，但遇到有消費問題時，客人一般都要找店主管，所以讓客人能夠分辨誰是負責人就很重要。通常店主管的制服，會隨著品牌定位的不同，可能加一件西裝外套、打一條領帶、著長袖服裝，或以不同顏色來區別，不一而足。

因此，制服設計要進一步細分，大廳組要考慮的對象包括：店主管、店主管代理人、幹部，及一般服務同仁等；廚藝組則包括：主廚、二廚，及一般廚藝同仁等。

制服的美觀與時代感，則是制服設計的基本條件。每次制服打樣出來後，一定要找服務同仁來試穿，一方面檢視有沒有符合當初設計的預期，一方面也瞭解同仁喜不喜歡。

偶爾會聽說，應徵者想要選擇 A 品牌餐廳、不選擇 B 品牌餐廳，原因竟然是 A 品牌的制服比較好看，看起來既熱情又有朝氣，甚至有面子。航空公司就是最明顯的例子，新加坡航空的制服，不僅給人神采奕奕、賞心悅目的感覺，也默默傳遞著新航的服務精神。

至於儀容，因應時代變化也有不同的規定，只要不過度誇張，都在接受範圍內。

「服裝儀容」是顧客接觸服務人員的第一印象，先做好自己的門面管理，才能贏得他人的尊重。

戴董事長在一次店長主廚的聯合月會上，跟大家分享：「店舖同仁的制服是該品牌的質感延伸，更是同仁穿上後的揚眉指標。」

可見服裝儀容，對外是顧客品牌體驗的一部分，對內則是同仁心情滿意的指標！

| 品牌筆記 |

「服裝儀容」是顧客接觸服務人員的第一印象，先做好自己的門面管理，才能贏得他人的尊重。

07

店舖音樂，空間的生命力

店裡面曾經發生兩件跟播放音樂有關的事情。

有一次我到店裡，發現同仁正在播放非該品牌的指定音樂，而且是在中午時段的營業時間，仔細一聽，是某知名流行天王的歌曲，找同仁來瞭解，原來有位同仁很喜歡他的歌，所以把自己的 CD 播給大家聽。這件事發生在幾年前。

第二件是最近的事，我發現多家不同品牌餐廳、不同店舖，竟然都播放相同的音樂。經過瞭解之後，才知道廠商把原來設定要給不同品牌餐廳使用的音樂，都燒錄在同一台音樂播放機，以至於店舖同仁可以自由選擇音樂頻道，造成同一類型的音樂每家餐廳都可播放。

對於多品牌餐廳經營者來說，可以允許這樣的狀況嗎？答案肯定是「否」，然而執行起來並不容易，必須要有決心。

就前者，同仁會說每天都聽同一種音樂，聽都聽膩了；就後者，則是管理的問題，只要留下該品牌餐廳的音樂頻道，同仁就不會誤播了。為了要回歸店舖播放音樂的正途，對店舖主管的溝通和訓練就很重要了。

店舖的音樂，與經營品牌的道理是一樣的，就是要有「一致性」。客人不會每天都到同一家餐廳用餐，所以沒有聽膩的問題；同仁個人想聽的音樂，只要在非營業時間，都在允許範圍內。

如果把餐廳經營比喻成一場表演，例如「貓」劇，每次開場後都播放相同的音樂，演出相同的戲碼，這正是觀眾期待的。「貓」可以因為演了上千場，演員已經聽膩了，而自己改變音樂嗎？如果是，它就不叫「貓」劇，不是這個品牌了。

因此，在營業時間內，或者過了營業時間，但只要還有一個客人在，音樂

就要照常播出，絕對不能讓客人聽到不屬於該餐廳的音樂。試想，如果品牌塑造的是一種大自然的禪風，聽到的應該是蟲鳴鳥叫、行雲流水般的聲音，但播放的卻是流行歌曲，客人會做何想像？

在用餐尖峰時間，店裡通常只聽得到客人與服務人員的說話聲，或是客人間的交談聲，聽不到音樂聲。畢竟餐廳不是夜店，音樂只是配角。只有在離峰時刻，大部分客人離去後，少數客人便能享受音樂氛圍，以及品牌所要傳達給他的整體體驗。這少部分的客人，將成為向他人傳遞美好經驗的品牌天使。

音樂是五感行銷的一環，它可以讓冷寂的裝潢空間立時充滿了生命力與想像力。因為它的影響是無形的，很容易讓人忽略它的重要性。

我喜歡音樂，也蒐集音樂，德國哲學家尼采（Friedrich Nietzsche）有句名言：「沒有音樂，生活是一種錯誤。」對品牌而言，雖然言重，但何嘗不也是如此呢？

| 品牌筆記 |

店舖的音樂，與經營品牌的道理是一樣的，就是要有「一致性」。

原燒以現代日式風格提供純淨的用餐環
境，店舖裡播放的是輕鬆的爵士樂。

08

慎選餐具，為菜色加分

經營多品牌，最怕的就是同質性高。

如果被認為「你們的品牌都好像」，就失去經營多品牌的意義。每個品牌都要有自己的特色，讓消費者在不同的時機、不同的需求下，有不同的選擇。

如「紅三角酷」所定義，菜色是品牌差異化的重要項目之一，而餐具則扮演了突顯菜色及增加價值感的角色。然而，餐廳經營者通常把重點放在「餐」，容易忽略或沒那麼重視「具」。

有時一家好餐廳，菜色很好，但餐具有西式的白瓷、日式的漆器、現代的玻璃，感覺很多樣化，但反而是減分，無法告訴消費者餐廳的菜色定位，甚為可惜。

又，有個品牌在餐後收尾的一道菜，是四片切片水果裝在一個白色方盤

上，一直被消費者抱怨沒有質感。在一次試菜中，我們請主廚把水果裝在同樣大小的黑色方盤，擺盤並略作調整，怎知大家突然一齊叫起來，原來好似換了一道菜，質感大躍進，從此這道水果再也沒接到客人的抱怨。可見選對餐具，對菜色質感是大大加分。

在多品牌快速發展的過程中，我們曾經歷過不同品牌的餐廳，在推出新菜色時選擇了相同的餐具，造成菜色相似度高，特色被平均化了。會選擇相同的餐具，有兩個原因，一是研發小組不知道，單從自己的需求做選擇；另一種情形是看到好看的餐具，找來大家一起用。

有趣的是，平價品牌喜歡用中高價品牌的餐具，不介意自己的餐具被高價品牌採用；而高價品牌則很在意價位低的品牌，與自己使用相同的餐具。原因就在於，平價品牌的餐具若被中高價品牌採用，會提高自己品牌的價值；反之，中高價品牌的餐具若被平價品牌採用，則會拉低自己品牌的質感。

由於初期未加以管理，造成某些品牌餐具互相「踩線」，團隊間因而產生「雜音」，這不只是品牌的問題，也是管理的問題。

警覺到若是每個品牌都有類似餐具，那麼品牌的特色難免被削弱，於是我們開始制定「餐具選用原則與作業規範」，來明訂今後各品牌專屬的餐具，也就是這個餐具是代表這個品牌，則任何品牌未來都不可用到。

在管理上，我們設定了三個專屬餐具的使用標準：

第一，自行設計開模的餐具。有的品牌為了突顯菜色特色與成本考量，在開創新品牌的同時，會請廠商設計、開模，大量生產特定的餐具。如王品裝甜點的貝殼皿、聚的金字塔冰堡、夏慕尼設桌的底盤等，均屬於這一類。

第二，品牌個性鮮明的餐具。有的品牌使用的餐具別具特色，讓客人擁有深刻印象，因此不宜再出現在其他品牌。如陶板屋裝主餐的黑釉三角盤、原燒盛燒肉主餐的平底大圓盤、藝奇的創意相互盤及筷架等，屬於這一類。

第三，與料理畫上等號的餐具。有的品牌在某些菜色的設計概念上，讓餐具與菜色完美結合，形成焦不離孟、孟不離焦，缺一不可，在多品牌架構下也得到「保障」。如陶板屋盛飯糰的斜甕、聚的黑長方形主餐盒、藝奇裝甜點的水彩盤等。

餐具不只要選「好」，也要選「對」。對的餐具可以突顯餐廳的菜色定位、提升菜色的價值感、呈現品牌設計者的品味，進而給用餐客人帶來極高的視覺饗宴。

在多品牌的經營策略下，更要注重餐具的差異化，讓品牌特色更為明顯。

| 品牌筆記 |

對的餐具可以突顯餐廳的菜色定位、提升菜色的價值感、呈現品牌設計者的品味，進而給用餐客人帶來極高的視覺饗宴。

各品牌特色餐具，由左至右、由上至下依序是：藝奇的創作相互盤、王品的貝殼皿、藝奇的筷架、陶板屋的黑釉三角盤、陶板屋盛飯糰的斜甕、原燒的平底大圓盤、聚的金字塔紅豆冰堡、夏慕尼的設桌底盤、聚的黑長方主餐盤。

菜色研發，也要品牌定位

也許你我都曾有過類似經驗，到餐廳去吃飯，竟然什麼菜色都有，牛排館賣義大利麵，燒肉店賣火鍋，中餐廳賣泰式快炒，不一而足。這種現象不外乎是只要廚師會做的菜，都放到菜單上了，卻沒有仔細去思考餐廳的「菜色定位」。

在消費品產業中，「產品定位」已是基本功；但在餐飲業，「菜色定位」這個觀念尚未深耕。餐飲業者經營餐廳，若要從產品提升成為品牌，應該好好看待這個課題。

為什麼菜色定位對餐廳這麼重要？二十年前，行銷大師賴茲和屈特（Al Ries & Jack Trout）就說過：「定位就是將你所要推銷的產品，在他（她）的心裡佔有一席之地。」所以，定位其實就是源自於消費者的思考。

消費者選擇餐廳的當下有兩種可能：其一，先決定想要吃什麼，好比想吃

西餐，再決定要去哪一家吃；其二，直接想到或經過心裡想要吃的餐廳。這種行為就如同選購消費品：想要喝碳酸飲料時，就想到可樂；或是打開冰櫃直接被可樂吸引。如果定位不清楚，便很難成為消費者的第一選擇。

如此一來，也會影響到餐廳生意，因為消費者無法直接聯想到你的餐廳；因為你仍停留在產品的思考，沒有品牌定位的概念。賴茲和屈特也說：「定位雖然是極為簡單的概念，但許多人迄今仍不知道它的威力是相當驚人的。」

要能準確地拿捏菜色定位，菜色研發的成員除了廚師外，也要有品牌行銷人員。品牌行銷人員參與試菜過程的角色，與一般人不一樣，要掌握「三好一定位」──好吃、好看、好質感，及品牌定位。

好吃：就是要掌握大眾的口味。例如女性與男性對酸味的感受是不一樣的，南部人與北部人對甜味的喜好也不相同……要為菜色口味找到一個平衡點。

好看：就是要對菜色呈現的美感提出建議。例如好的擺盤、配色還有餐具，會讓菜色看起來更可口，加值許多。

好質感：就是所用食材是否與該道菜的定價相符。有些菜縱然好吃，賣相也佳，但所用食材就是不到位，便很難被消費者接受。例如豆腐、雞蛋之類的食材，消費者認知的價值不高，應用上要很小心。

定位：就是要為品牌把關，不符合品牌定位的菜色便不應該出現在菜單上。

好吃、好看、好質感與品牌定位，是我們研發菜色的準則。

例如，西餐就不該出現泰式酸辣湯，和風創作料理就不該出現紅酒燴牛腩等。這樣的取捨，是一般餐廳最難做到的。菜單中偶有一兩道跳 Tone 的菜色，或可增加話題，但若這類菜色強過餐廳的「菜色定位」，那就大大不可了。

又有人問：「餐廳一定要定期更新菜色嗎？」

這是困擾很多餐飲業者的問題。不上新菜好像跟不上時代，老顧客會抱怨口味沒變化；上了新菜，吃不到舊菜，也會得罪某些老客人。真是左右為難！

更換新菜色，對餐廳也是極大的挑戰。一道新菜有許多新流程，廚師要經過多次的研發與練習，才能穩定每一次的品質與口味，稍有差異，便會引來顧客抱怨。尤其是連鎖店，做菜的廚師通常不是當初研發的師傅，要有一致的菜色水準更是困難（除非是中央廚房），因此新菜的失敗率很高。

其實，東西是新的好，口味是舊的好，所以才有百年老店，傳承百年不變的老口味。例如，星巴克推出過抹茶、豆漿咖啡等新產品，最受歡迎的仍是傳統的咖啡口味；曾記麻糬研發了許多麻糬新餡料，如冰淇淋、水果等，但賣得最好的還是紅豆、綠豆口味；來到鼎泰豐，當然要點傳統的小籠湯包……

因此，上新菜色絕對要慎重，它的弊似乎多於利。既然如此，為何還要推出新菜色呢？有幾個重要觀察：

就顧客的角度，人們都喜歡嚐鮮、嚐新，差別在於人們對口味是不會喜新厭舊的。消費者偶爾會出軌，滿足一下好奇心，然而雋永的口味不會被遺忘，反而喚起美味的記憶。

就行銷的角度，必須不斷推出新產品，才有新的話題，找到與消費者互動的契機，品牌也比較不易老化。但是，一項新菜色的點餐率很高，若誤以為消費者很喜歡，就危險了。新菜色或許有機會成為明星產品，這是可遇不可求的。你會想到鼎泰豐或曾記麻糬的另一個明星產品嗎？既然只是為了互動溝通的需求，有上新菜比上很多道新菜來得重要多了。

就經營者的角度，不斷地研發新菜色，可以讓廚藝人員有「磨刀」的機會，提升廚藝能力及向心力。但是，若把上新菜視做磨練廚藝的手段，形成「為了上菜而上菜」，為了對研發有交待，反而流於形式化。

雖然口味不易改變，上新菜還是有其必要。在王品集團，我們有一句口訣：「不是好菜不上桌，不為新菜而上菜。」就是要盡量做到：新菜色要比舊菜色好，不能拿顧客當白老鼠來做試驗。

菜色是餐廳的基本面，既然是「餐」廳，就應首重「餐」！

| 品牌筆記 |

在消費品產業中，「產品定位」已是基本功；但在餐飲業，「菜色定位」這個觀念尚未深耕。餐飲業者經營餐廳，若要從產品提升成為品牌，應該好好看待這個課題。

10

菜色命名，增值增色增食慾

餐廳要成為一個品牌，菜單命名最容易被忽略。

菜單中的菜色有時會隨季節更換，便不那麼受到重視。有些餐廳把每一道菜名取得十分有趣，於是名字的風采搶過了「餐」；有些餐廳的菜名太長（特別是義式餐廳），消費者看到後面已經忘了前面；有些餐廳乾脆取個你無法知道內容的名字，徒增消費者困擾。

好的菜色命名有幾個原則，首要掌握簡單易懂，其次要能提升價值，其三能與品牌相關。簡單易懂就是讓顧客從閱讀菜單中，便可解讀這道菜所用的主要食材，是否符合自己的喜好，服務人員也不用花太多時間解釋；提升價值就是讓顧客光從菜色名字，便可感受這道菜的價值感，覺得點這道菜是物超所值；品牌相關就是對品牌管理者而言，傳遞給顧客的菜色名字，不可與品牌的菜色定位衝突。

好吃，也要有好名字。由左至右、由上至下依序是：原燒冰淇淋、夏慕尼的櫻花蝦炒飯、夏慕尼的松露洋蔥湯、王品的葡萄紅酒凍、陶板屋的紅豆抹茶奶酪、王品的紅酒燴牛膝、西堤的巧克力袋冰淇淋、聚的精燉赤豆饌、陶板屋的香蒜瓦片牛肉、西堤的纖盈香草茶。

原燒

王品集團的菜色，經廚藝組研發後，由品牌行銷小組參與命名，可歸納出十個方向：

1. 以烹調方式命名。例如酥烤牛小排、紅酒燴牛膝、櫻花蝦炒飯、精燉赤豆饌等。

2. 以口味命名。有些口味較有個性（如蒜味、辣味、酸味、抹茶等），不是每個客人都喜歡，如能在命名時一併考量，可以減少認知落差，提高滿意度。例如蒜香蒸鱒魚、嗆辣雞腿排、抹茶奶酪等。

3. 以口感命名，可以增加食慾。例如嫩肩牛小排、手打蝦仁漿等。

4. 以具價值的食材命名，可以提升菜色質感。例如松露洋蔥湯、葡萄紅酒凍、龍蝦海鮮湯等。所提示的食材要能被客人看到，好比龍蝦海鮮湯，必須看得到龍蝦肉，不能只用龍蝦殼熬。

5. 以有質感的文字命名。例如法式、英式、皇家、經典、優質、釀、饌等，但所用的形容詞或名詞，必須與菜色名實相符。

6. 以有意義的地名命名，如食材來自消費者心目中的優質產地，則可借力使力。例如北海道昆布湯、日出越光米等。

7. 以品牌命名，會讓顧客產生推薦招牌菜的認知。例如原燒冰淇淋、ikki 小懷石等。

8. 以呈現方式命名。菜色的呈現方式如果很獨特，可以增加消費者的喜好

度，例如金字塔紅豆冰堡、香蒜瓦片牛肉等。

9. 以趣味性命名，可以增加顧客點餐的樂趣。例如巧克力袋冰淇淋、咖啡戀上巧克力等。但這類名字不可多，否則會轉移「餐」的本質。

10. 以需求命名。消費者有很多潛在需求，包括希望瘦身、天然、健康等，若食材本身也有此特性，則可引用。例如纖盈香草茶、天然金棗蜜茶等。

菜色命名是品牌行動之一，好的名字能使顧客易於理解菜色內容，便於點餐，縮短服務流程，並強化品牌定位，值得重視！

| 品牌筆記 |

好的菜色命名有幾個原則，首要掌握簡單易懂，其次要能提升價值，其三能與品牌相關。

行銷活動，打造全員品牌

行銷活動與品牌的關係非常密切。

行銷看似簡單，但要做到為品牌加分則不簡單。行銷人員的功力，以及是否具有品牌的概念，從行銷活動操作即可看出。品牌定位如「靶心」，行銷活動如「飛鏢」，飛鏢最難的就是射中靶心！

好的行銷活動，短期可以提升銷售業績，長期要能累積品牌形象。你能想像有些行銷活動不只不能射中靶心，還會傷害品牌嗎？仔細觀察，這種事情每天都在發生。

行銷人常說：「好的 idea 滿街都是，但符合策略的 idea 卻是少之又少。」所謂符合策略，指的就是符合品牌定位，更具體地說，就是滿足「紅三角酷」的定義。一般總以為大家一起腦力激盪，找出新點子就好，然而更重要的是新點子要能射中靶心，才能為品牌加分。

1 陶板屋「2010 知書答禮」募集萬本童書，活動當天出現熱鬧人潮。

2 2005 年第一屆「知書答禮」，募集萬書到蘭嶼，戴董（3 排左 4）、王副董（3 排左 3）與同仁開心合照。

例如，王品的品牌承諾是「只款待心中最重要的人」，所以衍生了重要節日為客人留下珍藏照的行銷活動；陶板屋屬於人文饗宴，所以有「知書答禮」一人一書的公益行銷等。

在店舖活動布置上，最容易產生與品牌脫節的行為。記得有一年聖誕節，各店都要布置，其中一家西堤分店的同仁布置到凌

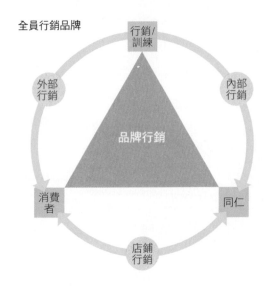

全員行銷品牌

晨三點，遇到我時，興高采烈地陳述布置想法，他們以竹子當聖誕樹，給客人吊許願卡，的確有創意，但當時心中暗自以為不妙，因為這完全背離西堤長期營造的現代時尚品牌形象（竹子更適合和風或禪風）。

餐飲業的行銷不能單靠行銷企劃部門，就如「紅三角酷」所定義的，還包括提供客人好吃的菜色、優質的服務、用餐的氣氛所共同營造的結果。因此，餐飲業的品牌建立，行銷活動是全面性的，務必做到人人都是品牌的實踐者、擁護者。

一般公司往往忽略訓練部門，或是訓練內容與品牌無關，而成功的品牌管

理必須整合體制內的訓練資源，透過訓練部門的課程，將品牌文化深化到每一位同仁身上（特別是第一線的服務人員），讓他們也成為品牌的代言者，此謂品牌的「內部互動行銷」。

行銷企劃人員則應主導品牌定位的形成，以及所有的「外部互動行銷」，包括對消費者、對媒體的溝通，並確保所有的行銷溝通都不能偏離「靶心」。

店舖服務人員與消費者最為接近，當顧客接觸到外部訊息來店消費時，將會以嚴格的眼光檢視服務人員的一舉一動，看看外部所說的與內部所做的是否一致。此時，店舖同仁與顧客之間的關係稱為「店舖互動行銷」，訓練有素的服務人員會落實品牌的一言一行，不僅為品牌加分，也讓客人感受一致的、美好的消費體驗。

餐飲業行銷，從施予內部同仁以品牌與企業文化訓練的「內部互動行銷」、透過各種行銷媒體傳遞訊息給消費者的「外部互動行銷」，一直到店舖同仁與來店客人進行面對面服務的「店舖互動行銷」，構成了經營服務業品牌——尤其是通路品牌——全方位的行銷活動。

| 品牌筆記 |

餐飲業的品牌建立，行銷活動是全面性的，務必做到人人都是品牌的實踐者、擁護者。

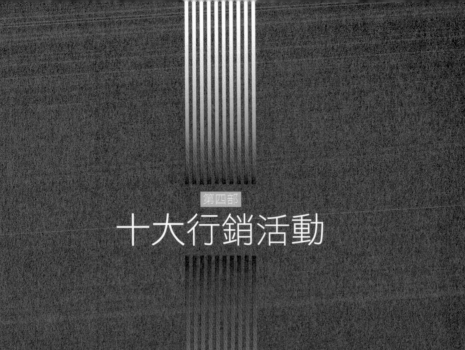

第四部

十大行銷活動

01

小預算打造大品牌

打從加入王品的經營團隊後，我便深深覺得，餐飲業賺得的每一分錢都是端盤子的辛苦錢。所以，自從負責品牌行銷部門以來，都不輕易編列廣告預算，也開始思考如何以小預算建立傑出品牌的行銷手法。

每一個品牌都需要知名度，而廣告是公認最快的方法之一。有人說：「廣告不是萬能，但沒有廣告萬萬不能。」企業界也有句名言：「投資在廣告的錢，有一半是浪費的，但不知道是哪一半？」如今分眾時代來臨，媒體也更多元化，如何只利用「另一半預算」建立品牌，是中小企業行銷品牌的機會點。

為了以小預算達到建立品牌的目的，我將日常的行銷作業歸納成「十大行銷活動」，其中五個用以經營「新客人」，五個經營「老客人」。新客人的行銷工具為：媒體行銷、事件行銷、異業行銷、網路行銷及行動行銷；

十大行銷活動

新客人					行銷 活動				老客人
媒體 行銷	事件 行銷	異業 行銷	網路 行銷	行動 行銷	直效 行銷	網員 行銷	簡訊 行銷	電話 行銷	店舖 行銷

老客人的行銷工具則為：直效行銷、網路會員行銷、簡訊行銷、電話行銷及店舖行銷。

經常聽到消費者說，是看了你們的廣告才來的。一開始很納悶，我們沒有做廣告啊？原來消費者把看到的新聞報導都泛指為廣告。這就是媒體行銷與事件行銷的威力。事件行銷與媒體行銷是一體的兩面，事件行銷要有創造「議題」的能力，伴隨媒體的報導才算成功。2011 年，媒體對王品集團各項活動的報導與約訪，所創造的媒體廣告價值達到 7.8 億，超過許多廣告主一年的廣告費。

異業行銷是結合「門當戶對」的跨領域公司，交換彼此的資源，將我方的訊息或優惠傳遞給對方的顧客，以達到開拓新客源的目的。例如，王品集團贈送的「慶百店計步器」，便隨《商業周刊》附贈，讀者在零售點買雜誌，會多得到一個計步器。這對王品而言，則傳達了「慶百店走萬步」的健康概念。

網路行銷是時下最夯的話題，廣告預算也年年成長。透過轉寄、MSN、部落格串連貼、微網誌 Plurk、facebook 等，也可達到引進新客源的行銷目的。

行動行銷則隨著智慧型手機、GPS 手機的普及，以及 QR Code 的應用（在日本已很普遍），是一塊值得開發的處女地。

直效行銷、網路會員行銷、簡訊行銷、電話行銷都是顧客關係行銷（Customer Relationship Marketing, CRM）的一環，也就是利用既有的顧客資料庫，因為行銷工具的不同，所能承載的訊息也不同。重要的是，以上所有新客人行銷所得到的名單，最終都要能導入顧客資料庫，成為公司的重要資產。這是一般公司最容易忽略的。

店舖行銷則是透過店舖文宣，如 POP、餐桌立牌、產品介紹手冊等，與進店客人溝通，由於客人來店時對品牌已處於「高關心度」狀態，因此可提供較深度的訊息。

十大行銷活動，都是行銷的工具或管道，當中最關鍵的是「創意」。創意才是最佳的預算！

| 品牌筆記 |

十大行銷活動，都是行銷的工具或管道，當中最關鍵的是「創意」。創意才是最佳的預算！

2009 年，王品集團「慶百店，走萬步」活動，運用了事件行銷與異業行銷。

02

直效行銷，經營老客人

在公開場合交換名片時，常有人跟我提到，曾收到王品寄來的資料——「菁英禮讚」，這是我們唯一用郵寄的文宣品。由於郵寄的成本很高，也是十一個品牌中，唯一採用實體資料庫行銷的品牌。

截至 2011 年，王品牛排已服務超過 1,330 萬人次的客人（超過半個台灣的人口），累積超過 340 萬筆的顧客資料（相當台灣總人口的 14.8%），而直效行銷的營業客數貢獻率，也達到了 39%。

直效行銷（Direct Marketing）是用以耕耘老客人的行銷工具。直效行銷的類似名詞很多，如差異化行銷、許可式行銷、一對一行銷、關係行銷等，有些名詞已被濫用，甚至把很多老闆嚇壞了，以為要花很多錢。例如，CRM 一詞幾乎被電腦軟體廠商佔用，企業花了大把鈔票購買 CRM 軟體，結果卻沒辦法有效運作，因為若無本質上的改變，再好的軟體也沒用。

其實直效行銷的基本概念，就是早期所講的資料庫行銷。然而，可不要以為直效行銷的貢獻率很高，任何品牌都可適用，那就陷入行銷陷阱了。簡言之，愈高價的品牌，或是顧客終身價值愈高的品牌（指的是顧客長期對品牌可能購買價值的貢獻），愈適合、也愈有條件執行實體的資料庫行銷。這也是為什麼很多中價或平價品牌，我們並沒有採取直效行銷的原因。

派柏斯與羅傑斯（Don Peppers & Martha Rogers）是國際上公認的一對一行銷宗師，他們認為顧客關係管理的一切，就是一次與一位顧客建立關係，並確確實實地以不同的方式對待不同的顧客。

王品的直效行銷創造了 **39%** 的客數貢獻率。

從兩位大師的觀點，道出了一對一行銷的最高境界。現在絕大部分的資料庫行銷都還沒能完全做到，包括公認做得最好的銀行界，每個客人仍是收到一樣的信件、一樣的優惠活動。

要做到「一對一」、「並確確實實地以不同的方式對待不同的顧客」，是一件極其不易的事。首先，必須建立且維持最新的顧客基本資料，其次要記錄客人的消費內容及喜好，最後才能以這位客人喜歡的方式來對待他（她）。

一般公司的資料庫行銷，頂多只能做到第一層，有顧客資料可以通知客人，但客人回店後，卻無法連結、記錄、累積客人的每一筆消費。要做到這些，需要有很強的 POS（Point Of Sales，端點銷售管理）系統，通常只有銀行或大型零售商做得到。如果無法記錄到顧客的消費資料，當然就沒辦法以他（她）喜歡的方式來對待了。

行銷是短暫的，只有品牌會長存；業績每月會歸零，只有顧客資料可以累積。在成熟的市場，發展直效行銷，緊緊維繫老客人，是企業未來的競爭力。

| 品牌筆記 |

愈高價的品牌，或是顧客終身價值愈高的品牌（指的是顧客長期對品牌可能購買價值的貢獻），愈適合、也愈有條件執行實體的資料庫行銷。

03

網路會員，創造高業績

經營網路會員，也是直效行銷的一環。不同的是，科技的進步讓會員經營的成本更低了。

在直效行銷的理論中，只有高價品牌才適合、且有能力經營貴賓資料庫，主要是與實體會員的溝通成本很高（如郵寄成本）。而網路的興起，改變了這個事實，不只取得顧客資料的成本低，與會員溝通的成本也很低，讓每一種價位的品牌，都具備經營會員的能力。

然而，為了得到消費者註冊而成為自家品牌的網路會員，必須將每一次的行銷活動都導向品牌官網，並提供誘因，讓活動參與者加入會員。

如果行銷活動未能將消費者導入會員資料庫，則行銷效果只如曇花一現，失去創造「顧客終身價值」的機會。有了會員資料庫，就要將網路行銷提升到「網路會員行銷」（又稱一對一行銷，one2one marketing），讓每一

網路會員創造了 9 億營業額。

次的行銷活動都與會員經營有關。

經營會員就如同信用卡行銷一樣，只有三個重點：一是要不斷地得到新會員（新卡）；二是要不斷地創造消費（刷卡）；三是要持續維持有效的資料庫（活卡）。

得到新會員有兩個途徑可併用，就是在任何時間，只要填寫基本資料加入會員便可獲得入會禮；同時，在每一次行銷活動中提供誘因，將網友導入到官網加入會員。這中間可操作的行銷方法就很多了，幾乎所有在實體行銷應用到的手法都可派上用場，如折扣、抽獎、遊戲、贈送、兌換等。

要不斷地創造消費，就是要經營所謂的「顧客終身價值」。得到新會員，只是一對一行銷的第一步，如果沒有持續經營會員關係，好不容易得到的會員終究會離你而去。想經營顧客的終身價值，至少得關心他（她）人生中的重要日子，如生日、結婚紀念日；更進一步設定溝通頻率，定期推出活動與他（她）互動，如至少每季一次。

要持續維持有效的資料庫，就是要做到資料庫沒有無效會員。造成無效會員的原因很多，包括缺少經營導致會員離去、為參加活動而申請假帳號，或是因活動而加入的非忠誠顧客等。資料庫中的無效會員一多，會造成網路資源的浪費，例如 eDM 虛發。所以，維持資料庫的每筆資料都有效，定期「清理門戶」很重要。

網路會員行銷 eDM 成功率統計

品牌	eDM 訴求	寄送人數	成功人數（成功率）
王品	鵲喜·爸結 親親盛宴	258,394	239,667（92.75%）
西堤	Happy Chinese Valentine's Day & Father's Day Let's TASTy	389,029	366,377（94.18%）
陶板屋	來陶板屋美味 fun 暑假，10 名花蓮翰品創意飯店送您入住！	345,221	328,721（95.22%）
原燒	夏日嘗鮮趣，限量香魚好康嚐！	20,866	20,255（97.07%）
聚	500 萬「聚」星站出來，相聚 5 星集，好禮享不完！	157,501	150,104（95.30%）
藝奇	百年父親節獻禮 國際金牌主廚料理招待	115,843	96,706（83.48%）
夏慕尼	快加入夏慕尼 FB 粉絲團，就有機會抽中 10 分鑽戒喔！	156,554	152,648（97.51%）
品田牧場	百年八月 幸福 100%	136,214	121,783（89.41%）
石二鍋	new open_198 元、11 種鍋物超值選，美食新體驗！	24,693	24,568（99.49%）
舒果	台中中港、台北羅斯福雙店慶 OPEN	120,573	96,608（80.12%）

「清理門戶」首先得分辨有效資料與無效資料，可以有兩種做法：透過軟體偵測 eDM 寄送成功率，三次未寄達者即可視為無效資料；回來參加活動者，即在資料庫予以註記，一定期間內未啟動帳號者，即可註銷會員資格。

王品集團自 2005 年推動「網路行銷年」以來，網路會員人數即由 62 萬增加到 287 萬（相當台灣總人口的 12.5%），對營業客數的貢獻率也由 4.7% 成長至 12.2%，為公司創造了約 9 億的年度營業額。

正如《網路商機》（Net Gain）作者海格三世（John Hagel III）所言：「網路商機，超乎想像！」

| 品牌筆記 |

網路的興起，讓取得顧客資料的成本變低，與會員溝通的成本也減低，讓每一種價位的品牌，都具備經營會員的能力。

04

簡訊行銷，小兵立大功

當第一支智慧型手機出現時，就注定行動裝置將主宰人們的生活，從語音通話、照相、衛星導航，到與 Outlook 同步管理行事曆等，幾乎無所不能；而手機上網功能，勢必更有無限發展的空間。

對行銷人來說最興奮的是，手機將是繼傳統媒體、網際網路之後，可以大展身手的處女地。眾所周知，手機除了語音通話，還可傳遞文字、圖片及影片等，而這些訊息都可透過簡訊（或多媒體簡訊）發送，能否大量應用，則與傳輸成本有關。

在手機簡訊一通 3 元的時代，我就認為當每通簡訊變成 0.1 元時，就是簡訊行銷的時代來臨。目前一通簡訊已在 1 元以下，是建置簡訊行銷系統的時機了。

如今的簡訊已是滿天飛，為何仍需建置？其實簡訊雖多，但問題也多，改

善的機會就更多。例如，幾乎大部分的簡訊都不帶接收者姓名，一看就知道是大批發送，無法感受到發送者的誠意。

另外，很多企業簡訊是由不特定的同仁負責發出，內容未受到應有的規範，訊息可說是五花八門。例如，發送致謝顧客來店消費的簡訊，肉麻到讓收受者的另一半誤以為有第三者介入。

與使用電腦不一樣，不管開機或關機，收受 email 並不影響生活作息。然而，現在很多人是不關手機的，收到簡訊時通常設有提示聲，若簡訊過早或過晚發出，都會影響收受者的作息，簡訊效果也會大打折扣。

對於擁有多店的通路品牌而言，消費者也許在兩個以上的零售點都留有顧客資料，當遇有行銷活動時，便會同時收到多筆內容相同的促銷簡訊，一來擾民，二來也浪費成本，實在划不來。

王品集團的簡訊管理系統。

發送簡訊不帶名字、內容未管理、發送時間未規範、顧客資料未整合等等，都是簡訊行銷當前的問題，也是王品集團推動簡訊服務曾經有過的經驗。

因此，我們運用直效行銷的觀念，整合四大資料庫，包括客人訂位資料、用餐意見卡資料、商圈拜訪資料，以及網路會員資料庫為一體；設定七大簡訊時機與內容，包括生日祝福、結婚慶賀、餐後致謝等，提供給各單店使用；同時由電腦系統自動控制簡訊發出時間，避免發送時間不當或重複發送。

未來的簡訊傳送，必定超越傳統的信件和 eDM。不妨觀察周遭年紀大的人，他們可以不上網看 eDM，卻一定要學會看簡訊，便可窺知端倪。如果直效行銷是行銷的極致，簡訊行銷則勢必成為最佳的直效行銷工具。

網路會員對王品集團的行銷貢獻率已達 12.2%，未來簡訊行銷的效果必然超越網路會員的經營，而二者也將結合成為一體，對業績產生更大的影響力，達到小兵立大功的目的。

| 品牌筆記 |

如果直效行銷是行銷的極致，簡訊行銷則勢必成為最佳的直效行銷工具。

05

電話行銷，問候老客人

我曾經接到一家內科診所打來的電話，嚇了我一跳，以為要通知給錯藥了或是詐騙電話，仔細一聽，才知是診所人員打電話來關心，前兩天來看病，現在是不是有好一點，並給了一些建議，實在超乎想像且令人感動。

電話行銷（Telemarketing）有兩個主要目的，一是銷售，二是關心；而關心最後也是為了銷售。如果銷售技巧不好，就會變成 Hard Sell（強迫推銷），令人反感；關心若能發自真誠，提供有用的資訊，則會增加好感度，最後創造銷售。

電話行銷是最傳統的行銷工具之一，是所定義的五種老客人行銷工具中成本最高的。它的行銷成本僅低於面對面行銷服務，所以它有應用的條件，不是每個行業或品牌都適用。

在日常生活中，人們最常接到來自銀行業、保險業、直銷公司、化妝品公

司，甚或詐騙集團的電話，而這些行業都有一個共通點，就是屬於高價值、消費頻次較高的行業。這說明了，電話行銷適用於高價品牌，平價品牌則不具成本效益。

然而，有效電話行銷的基礎，來自於有效的資料庫，如果電話名單來自於對外購買，而非企業從日常行銷活動中加以收集的，則效果有限。因此，資料庫管理成為對老客人行銷最被重視的課題。資生堂（SHISEIDO）曾演練發生火警時，公司裡最需要被保護的資產是什麼？答案不是現金、貨品，而是資料庫。

我們目前有四大類資料庫：來自王品牛排每日顧客填寫意見卡，所建立的「建議卡資料庫」，目前約有 340 萬筆；每一個品牌的顧客參加行銷活動，而加入會員的「網路資料庫」，目前約有 287 萬筆；每日顧客填寫意見卡，建立以店為單位的「簡訊資料庫」，目前約有 252 萬筆；另外與銀行共同發行聯名卡，消費者申請信用卡後由銀行所建立的「卡友資料庫」。

以上資料庫，只有王品牛排建議卡資料庫用來進行電話行銷，符合高價品牌應用電話行銷的原則。由於品牌行銷部門已發展多種行銷工具，加上電話行銷的高成本，縱使在王品牛排，電話行銷也僅是小量被使用。

王品牛排的電話行銷，使用時機通常在一年中營業客數比較低的月份，或是業績比較落後的店舖。電話行銷的內容，在於關心客人並提供資訊，不在於直接銷售。例如，針對該月生日或結婚的客人，進行適時的問候，客人因此感受到該是慶祝聚餐的時機，有些客人因為太忙而忘了要慶祝，還

會感謝我們的提醒呢！

有效的電話行銷，除了資料庫外，還有電話端的服務人員，必須要有很高
的敏感度，否則反而容易引起顧客的反感，這是另一個需要注意的課題。

| 品牌筆記 |

電話行銷適用於高價品牌，平價品牌則不具成本效益。

06

店舖行銷，兼顧品牌形象

通路品牌比起一般消費品品牌，在行銷上有一個優勢，就是有一個通路可以完全掌控與應用。

店舖行銷是指客人已經來到店裡或商圈中，品牌能夠與之互動溝通，是維繫老客人的行銷工具中，唯一擁有與客人面對面接觸的機會，因此，可以做的事情也會不一樣。

店舖行銷可分為主動和被動兩種。

比如早上我到星巴克買咖啡，常被問到要不要搭配一份早餐；到麥當勞買漢堡，也會被問到要不要加點薯條或飲料，或配成某某套餐更划算。這些動作都是主動的店舖行銷。

主動的店舖行銷，能夠達到產品銷售或是訊息告知。產品銷售最常被應用在速食店，而且國際連鎖店還直接規定主動銷售詢問的頻率通常只能一

次。在王品，只有少部分的餐廳有單點，縱使如此，我們也不會向現場客人銷售單點菜色，來增加店的營收，為的就是讓客人有一個自在的用餐環境，並讓客人的用餐預算得以控制。

至於訊息告知則是允許的。例如，西堤每年都會舉辦捐血活動，陶板屋有捐書活動，原燒有助兒盟活動，可以在事前告訴客人相關訊息。

若從廣義來說，服務人員與客人在店裡所有的互動行為，包括招呼語、點膳說明、上菜解說，以及各種用語，均為店舖行銷與互動溝通的一環，必須經過設計和訓練。

被動的店舖行銷，主要為單向的店舖文宣露出。首先，要暸解有哪些文宣可以陳列、應用。以王品集團旗下餐廳為例，各店舖可用於宣傳的版面是有限定的，通常包括：大門外的人形立牌、店門口海報、結帳櫃台立牌、餐桌上立牌、顧客意見卡的下半截、結帳 DM 等。

除了以上版面，店舖的其他空間均不可張貼文宣，這是為了保持店面的乾淨清爽，以及給予客人的美感體驗。

常常看到一些餐廳，在牆面上張貼許多與其他業者合作的文宣，如飲料、酒、食材來源等，整間店「布

置」得花花綠綠的，客人用餐時曝露在大量的促銷訊息下，大大地影響用餐時的氣氛。通常這些異業合作的文宣，都是由各個不同的合作廠商提供，呈現出來的內容不僅沒有一致風格，更談不上美感，會進一步破壞品牌形象。

餐廳內不是不能放置宣傳異業合作的文宣，而是文宣內容必須以該品牌定位重新設計，才能上架。為了符合品牌定位，包括品牌的識別色系、風格、型式，甚至字體等，都得加以規範。

有一種文宣絕不能出現在店舖中，就是與品牌毫無合作關係的廠商或組織文宣，例如候選人競選文宣，以及任何想要借用該品牌通路來曝光的廠商文宣等。

店舖行銷之所以有所規範，仍是站在品牌的角度，為了擺脫過去餐廳只是吃飯的地方、而不太重視周邊美感所做的管理。

店舖行銷，除了宣傳，也要兼顧品牌形象。

| 品牌筆記 |

店舖行銷之所以有所規範，仍是站在品牌的角度，為了擺脫過去餐廳只是吃飯的地方、而不太重視周邊美感所做的管理。

店舖行銷的文宣露出，要兼顧俐落與美感。

■原燒的結帳櫃檯立牌。

■藝奇的桌上立牌。

十大
行銷活動

07

事件行銷，抗老化金鑰

大家都怕老。人老了，可以去打肉毒桿菌、做電波拉皮來延續青春；品牌也會老化，那怎麼辦？

有一位行銷界的朋友，為一個老化品牌開出一帖藥方：直效行銷。也就是利用資料庫名單，聯絡老客人，挽救衰退的業績。事實上，經營老客人救不了老化的品牌。老客人固然很重要，但是一個健康的品牌，絕不能只靠老客人，少了新客人。

要挽救老化的品牌，不能只靠拉皮的表面功夫，那只能維持一時，必須連心臟也要強化，由內而外，全面做起。

對內，要翻新「產品力」，讓產品更貼近時代的需求與美感。這一點大家都知道，不多贅述。對外，就是「溝通力」。我將溝通力簡單歸納成三點：視覺溝通、語言溝通及行銷溝通。

王品的「送玫瑰把愛傳出去」，是自行
創造亮點話題的成功事件行銷。

視覺溝通，就得加入「外貌協會」。經營者要思考是否將品牌識別、產品包裝、廣告表現以新的手法呈現，讓品牌看起來有新意。例如，Coca Cola 已有百年歷史，但每個時代的視覺呈現都不一樣。

語言溝通，就是將你想要向潛在消費者說的話，用貼近時代的、年輕人的語言來說。《聖經》已流傳兩千年，但傳播《聖經》的方法每個時代都不一樣，歷久而彌新。

行銷溝通，就是將品牌由內而外的改變讓全世界都知道。很多品牌的年輕化工程，在內部做了許多事，包括產品改善、品質提升、甚至組織再造，最後卻不成功，關鍵在於行銷溝通沒做好，外部消費者不清楚，新客人進

不來，營業額沒改善，最終只能含淚退出市場。

要將品牌改造的訊息排山倒海地讓消費者知道，最先想到的是做廣告。廣告是成本很高的行銷工具，沒有砸下三千萬是看不到效果的。這是富人的行銷，大部分品牌都沒有這個條件。

事件行銷雖無法完全取代廣告的功能，但在品牌年輕化、提升知名度與好感度的經營上，卻扮演重要的角色。

事件行銷就是順應議題或創造議題，引起消費者的注意及參與，進而吸引媒體的廣泛報導，達到昭告天下的目的。事件行銷是借力使力，有時比廣告還難，它必須做到巧婦「能」為無米之炊，做到小預算立大功。

王品十五週年時，我們企望能做一件關懷社會的事情，於是有了「送玫瑰把愛傳出去」活動。為了將這樣的心意傳遞出去，我們包下一天的高鐵，從最早班的第一位客人開始，送出十萬朵玫瑰，藉由玫瑰花的發送，請每一個人關心身邊的人。這項活動引起了消費者的熱烈迴響及媒體的火熱報導，如果換算成廣告效益，至少得支出六千萬，事件行銷卻做到了。

事件行銷可以活化品牌，然而議題的選擇要精準，更要有配套做法。在工作上，花費我最多時間的事務之一，就是聽取各品牌企劃每年提出的事件行銷 idea，並給予指導。我的腦海中時時存有五個標準，用來做為事件行銷的叩門磚──相關性、創新性、話題性、簡單、誘因。

相關性有三個角度，即事件議題要與品牌相關、產品相關，或對象相關。

2010 年西堤「熱血青年站出來」公益活動，募集 1,250,000c.c. 的血，號召 5,000 人挽袖解血荒。

品牌相關指的是要與品牌定位的內涵有關，如「送玫瑰把愛傳出去」的活動精神，與王品「只款待心中最重要的人」的品牌承諾有關；產品相關指的是活動內容要與所販賣的產品有關，如捷安特的「京騎滬動」，除了與品牌承諾「探索的熱情」有關之外，也與自行車有關；對象相關指的是事件的參與者或關心者，是產品的消費對象或潛在消費對象。

事實上，很多事件的參與者並非原來的消費對象，而是為活動所提供的誘因而來，然而透過事件參與者把口碑散播出去，亦有利於建立品牌知名度與好感度。所以，媒體也是事件的對象之一。

創新性，是議題內容要有原創性，不能炒冷飯，否則被年輕人認為是「老梗」，品牌好感度降低，便無法替品牌注入活力，失去小兵立大功的機會。

話題性，是議題選擇要有「亮點」，有亮點才能抓住社會大眾及媒體的目光。話題有時是借力使力，有時是無中生有。例如，血庫鬧血荒，西堤號召全民響應捐血，便是借力使力；在高鐵站「送玫瑰把愛傳出去」，便是自行創造。

簡單，就是活動設計符合容易執行、消費者容易參與。太過複雜的活動很難執行，甚至有風險。例如，校外教學活動也是一種事件，好比發動百位幼稚園小朋友學烹飪，可能會有話題，但小朋友進廚房卻要承擔高風險與

執行難度。另一方面，有些活動 idea 很好，卻把它說得很複雜，消費者要花很多時間才能理解，自然興趣缺缺，最好一句標語就能讓消費者看懂如何參與，如「一人一書到離島」。

誘因，就是提供優惠給參加者，來提升參與意願。活動分成消費者活動或非消費者活動，如果是消費者活動，提供誘因是不可少的。

行銷人常說，好的 idea 滿街都是，但是符合策略的 idea 卻寥寥無幾。若能掌握以上五個觀點來評估事件行銷，就有機會產出符合品牌定位的 big idea，大大地增加行銷活動的成功率。

事件行銷可以讓品牌年輕化，也是大多數小預算品牌可以考慮的行銷手法。

| 品牌筆記 |

事件行銷雖無法完全取代廣告的功能，但在品牌年輕化、提升知名度與好感度的經營上，卻扮演重要的角色。

08

公益行銷，為品牌加持

我在應邀演講時，發現到分享一般的行銷活動，和分享公益的行銷活動，
聽眾會有截然不同的反應。

當聽到成功的行銷活動時，發出的是讚嘆的聲音；但當聽到離島資源缺乏、
圖書不足，陶板屋既捐書又贊助大學生去教小朋友讀書時，流露出的是敬
佩的眼神。兩者最大的差別在於：前者是認為你行，後者是由衷感動；前
者是短暫的，後者因認同企業的所作所為，影響是長遠的。

因此，企業再也不能忽略「公益」對品牌的影響。以往行銷人在談品牌或
行銷活動時，極少將公益行銷列入標準配備，今後勢必要調整。

根據《遠見雜誌》「企業社會責任大調查」顯示，有七成的上市公司有
所謂公益捐款，更有九成的公司計畫將企業社會責任（Corporate Social
Responsibility, CSR）列為長期發展策略。

廣義來說，企業社會責任就是企業除了追求股東利潤極大化外，也應同時兼顧員工、消費者、供應商、社區與環境等利害關係人的權益。

就消費者的角度，當企業有了知名度，市場佔有率提高後，對企業的要求已經不止於提供產品與服務，而要企業更關懷與照顧社會。

從品牌行銷的角度，如何將企業的「善行」傳達給社會大眾，贏得對品牌的認同，最後贏得長期的競爭力，這也是公益行銷的範疇。

公益活動在行銷上雖可贏得消費者的認同，但它畢竟需要企業長期投入人力、財力、物力，並不是每一個企業都適合去做，縱使做了也不見得立即對企業產生實質的回饋。因此，我認為企業在執行公益行銷活動時，可以掌握以下原則，以達永續經營之效：

1. 先求生存，再求公益

公益投資是長期的，不是經營的特效藥。應求企業母體健康成長（有利潤），再思考如何照顧別人，不是為公益而公益，或者為了面子傷及裡子。例如，王品集團有「一品牌一公益」原則，但對於新品牌或尚在培養中的品牌，初期力求經營的利潤及同仁的照顧，並未有公益認養活動。

2. 量力而為，切忌「膨風」

捐十萬是公益，捐一千萬也是公益，企業應視自身能力而為之，就如同對商業投資的評估一樣，量力而為。若因好大喜功，將偏離本業。

3. 不怕善小，細水長流

企業一旦認養公益活動，唯有長期參與，才能產生口碑效益，為企業帶來永續的、無形的競爭力。例如，P&G贊助「6分鐘護一生」婦女保健活動，

王品集團持續推動各品牌以「公益」為
主軸的年度活動。

■ 2011年「知書答禮」，募集萬卷童
書到偏鄉。

2 藝奇的「創藝分享日」，號召全民大
膽秀出你的創意。

因長期支持而贏得社會認同。

4. 發自內心，不求回報

既是長期投資，就無速效可言，正確的態度乃是發自內心去做，感動他人，贏得認同，甚至願意共同參與。公益投入因不計較效益而能長遠，對企業及品牌的影響力則是無形的。

5. 慎選公益，結合品牌

公益活動也是品牌的一環，應該為品牌加分，不可單獨看待，才能累積成為品牌資產的一部分，而被消費者辨認。有些企業想做公益，只要與企業社會責任有關的項目，都熱心投入而失焦，或因過於分散難引起社會共鳴，這是常看到的現象。

以上五個原則，企業可做為參考，將可避免因公益而產生弊端、傷害品牌，為企業發展帶來正向的公益價值。

企業投資公益可以藉助公益團體，由公益團體來執行慈善活動。如此一來，選擇公益團體（或贊助標的）便成為極重要的環節，必須不偏離品牌規範。可考量以下幾點：

1. 品牌相關性

選擇與品牌定位相符的活動，如西堤贊助捐血行動，彰顯年輕熱情的品牌個性；或與目標對象相符，如 P&G 贊助「6 分鐘護一生」；或與行業屬

原燒的「一人衣愛助兒盟」，捐購「愛‧T恤」，燒肉半價，愛心無價。

性相符，如 Coca Cola 贊助水資源保護。至少要能符合其中一項，符合愈多項，則品牌相關性愈高。

2. 公益團體的公平性

評估所選擇公益團體的公信力，以及是否公平且有效率地運用所取得的捐款。

3. 公益團體的配合度

公益團體必須有常設窗口，熱情且友善地與企業溝通贊助事項，進一步取得企業的肯定。第一線的溝通人員即代表公益團體的門面，直接影響企業贊助的意願。

4. 公益團體的獨佔性

贊助公益團體就如同贊助行銷活動，都希望能取得獨家，但公益活動畢竟是非商業性的，乃至於集眾人之力盡社會責任。然而，企業仍應仔細評估，同一公益團體是否有過多企業「長期」贊助。例如，花旗銀行長期為「聯合勸募」募款，中國信託則贊助「家扶中心」，彼此各自擁有鮮明的支助對象。

最後，就執行公益活動的效應，可分為三個層面：

首先，是媒體。一聽到企業要贊助公益團體，媒體的直接反應是：「是哦？」同時觀察企業是否玩真的，可給予正面報導，也可能踢爆。

其次，是消費者。因為是做公益，所以給自己一個參加活動的理由，縱使活動設計未能盡善盡美或稍有瑕疵，也能欣然接受。

再者，是內部同仁。因為公司的善行，自己身為一份子而與有榮焉，不僅更認同公司的企業文化，也有被社會肯定的光榮感。

長期以來，企業管理理論在於教導企業如何獲利，這也是最終的唯一目標。但從近年來國內外企業投入企業社會責任的義舉，可以證明，獲利已非 21 世紀企業經營的唯一價值。

公益活動可視為品牌活動的一環，是企業最易於執行、消費者最能感受企業社會責任的行動。

| 品牌筆記 |

如何將企業的「善行」傳達給社會大眾，贏得對品牌的認同，最後贏得長期的競爭力，這正是公益行銷的範疇。

企業社會責任的迫切性

根據美國《金融時報》的研究，有五大類別的企業，特別應思考如何善盡企業社會責任：
1. 市場壟斷者：大部分的國營企業，以及極少數寡佔市場的民營企業屬於此類；
2. 和顧客直接接觸者：百貨零售業是典型代表；
3. 生產民生必需品者：主要為日用品、食品、飲料產業；
4. 破壞自然生態者：指開採大自然的有限資源、破壞環境生態的企業；
5. 於供應鏈體系中，極度依賴開發中國家低廉人力製造成本者。

09

異業合作，開發新客源

大家都說「擁有通路就是贏家」，那如果同時擁有「通路」和「品牌」呢？
則無疑是企業最大的資產！因為再大的品牌，都怕強勢的通路刁難產品舖
貨。企業若能同時具備「通路」和「品牌」的特質，就能成為「通路品牌」，
可以好好發揮行銷效應。

記得 2003 年時，王品牛排只有十幾家店，西堤三家店，陶板屋也才剛開
始，出去談合作，別人嫌你的品牌與通路太小，到處吃閉門羹。還有，我
們希望加入銀行信用卡點數折抵現金消費 20% 的行列，以提供客人優惠，
銀行則希望我方能相對負擔其中 40 ～ 60% 的金額，也就是大約 10%，換
算之下，公司便很難獲利，所以也行不通。

我為部門的異業小組設定每年 100 家的異業合作高目標，實際達成也有
49 家左右，但不會為了達成數字目標而來者不拒。也由於異業合作的開

展，異業行銷佔公司營業客數的貢獻率，已由 2006 年的 3.6%，成長到 2011 年的 10.9%。

品牌進行異業行銷合作，可以有三種方式：策略結盟、專案合作及例行互惠。

策略結盟屬於長期合作，要有嚴謹的合約來規範彼此的權利義務，品牌間進行深度合作，包括共同提供行銷誘因，一起宣傳，甚至分享利潤等。王品集團與花旗銀行、威秀影城、雄獅旅遊，四個領導品牌共同發行「饗樂生活」聯名卡，便屬於此類型。

專案合作則屬於短期的一次性合作，雙方於某段期間的需要，共同舉辦行銷活動，創造知名度，開發新客人。西堤東進花蓮的第一家店，是王品集團、也是西堤跨足東台灣的第一步，值得慶祝，於是我們與花蓮名店曾記麻糬合作，在花蓮店開幕當天，只要到全台各店消費的客人，就可免費得到一份曾記麻糬。透過專案合作，也將東部的曾記麻糬介紹給全台灣的客人，達到雙好。

專案合作有非常大的發揮空間，比如企業要發放試用品、新產品上市、共辦記者會、贊助抽獎、產品訊息置入等等，值得品牌行銷人員深耕。

例行互惠就是提供優惠給鎖定的對象，如銀行持卡人、公教人員、千大企業、五百大金融業等，最主要是運用對方的宣傳管道，增加品牌露出的機會，傳遞品牌的優惠訊息等。

同業可以為師，異業可以合作，共創雙贏。由左至右、由上至下幾個異業合作文宣：聚與可口可樂、藝奇與TOSHIBA、原燒與阿原肥皂、陶板屋與四方通行旅遊網。

在選擇異業合作的品牌時，我們考量了以下因素：品牌定位、品牌地位、合作意願。品牌定位是首要的考慮因素，合作對象的品牌形象要能強化我方的品牌定位（或至少不衝突）。例如，夏慕尼訴求法式新香榭鐵板燒，我們尋求的便是歐舒丹（L'OCCITANE）這類來自法國的知名品牌合作。

品牌地位則是合作品牌的市場地位，至少是該類別的領導品牌，如此才能提升我方品牌的價值感。領導品牌不一定是指市場佔有率，也包括優質的品牌形象。

合作意願就是要你情我願，有時會遇到「郎有情妹無意」，結果是拖拖拉拉。因此，最好能選擇有行銷或企劃部門的企業，因為有共同的價值觀，較易談成合作。

異業合作可粗略分成「我方提供優惠，對方宣傳」或「對方提供優惠，我方宣傳」兩種。在後者，近年來我們談成了 BenQ 筆記型電腦、SAMSUNG 手機、L'OCCITANE、L'ERBOLARIO（蕾莉歐）、花蓮曾記麻糬、嘉義老楊方塊酥、捷安特花東行程等合作案，為彼此的品牌創造雙贏。

為了促成理想的合作案，必須有策略。首先，要準備好談判的資料，包括品牌介紹、過去合作案例、能夠為對方做什麼，以及這些作為換算成廣告費是多少。提供過去的案例與成效，可以促進合作意願，對方若看到其他優質品牌也曾參與，不管成效如何，至少可以放心許多。

其次，鎖定對象後，也不用急於聯絡，先找業界的第二或第三品牌，來練習自己的談判技巧，並瞭解該品類的企業關心什麼、需要什麼。之後再跟

鎖定的對象接觸，成功率自然增加，縱使不成功，也已有了備案。

如果合作性質是屬於對方提供優惠給予我方，則要本著最大的誠意，為對方的品牌、產品資訊，透過我方所有可運用的宣傳資源，提供最大的曝光。如果能為對方創造銷售機會，在不傷害我方品牌的前提下，也要努力為之。例如，嘉義名產老楊方塊酥，在品田牧場嘉義店開幕時，提供 3,600 包給全台品田牧場分店的客人，並在產品包裝中，同時放入了訂購單。

反之，如果是我方提供對方優惠，也要要求對方將我方的品牌及產品資訊，放在最顯著的宣傳位置。

異業合作在行銷文獻中極少被探討到，然而在大眾媒體廣告費昂貴，小眾媒體又過於分散的現況下，交換合作雙方的宣傳或顧客資源，來達到低成本的行銷，是非常值得開發的。

學者巴朗森（Jack Baranson）認為：「透過外部合作關係，可以增加企業運作的價值。」這是一個資源共享的時代，同業可以為師，異業可以合作，共創雙贏！

| 品牌筆記 |

大眾媒體廣告費昂貴，小眾媒體又過於分散，透過異業合作，交換合作雙方的宣傳或顧客資源，來達到低成本的行銷，是非常值得開發的。

網路行銷，需與時俱進

「網路崛起，發動了一場史無前例的市場權力大轉移。主動出擊的廠商，將享受著豐富的成果，不僅得到無可匹敵的顧客忠貞，還會獲得令人豔羨的經濟報酬。」這是《網路商機》作者海格三世的忠言。

網路行銷是網路商機的不二途徑，善用網路行銷，還可降低企業的行銷成本。

網路行銷技巧的演進，可說是計畫永遠趕不上變化。這個領域沒有專家，今日很流行有效的行銷手法，沒多久之後，便會隨著網友注意力的轉移而變得失靈。

網路行銷手法五花八門，包括大家熟知的網路廣告、關鍵字、入口網站會員 eDM 等，以上都是要付費的。也有許多不需付費的網路行銷工具，包括部落格串連貼、利用 MSN 呼朋引伴、經營官網、社群、facebook 等，

善用網路行銷，可以降低企業的行銷成本。上為陶板屋的「精彩 10 年 大聲說讚」，下為舒果的「新店票選 全台粉絲讚出來」。

194

即使企業沒有很多行銷預算，也可以好好發揮。

最好的行銷活動，就是跟著網路使用行為不斷地精進。當部落格（Blog）大流行的時候，我們幾乎每一個行銷活動都鼓勵網友進行部落格串連貼，結果每個活動至少都有數千個部落格共同宣傳，活動效果很好。

facebook 興起後，網友迷上了隨時上網 PO 訊息的樂趣，呼朋引伴下，構成強大的人脈網路，社群行銷取代了部落格。如今很多品牌都建立自己的 facebook，王品集團旗下的石二鍋和舒果也不例外。

社群建立容易，重點在於如何經營。企業可以根據自己的品牌屬性，弄清楚應該 PO 什麼訊息、PO 多少訊息、多久 PO 一則訊息，還有，何時 PO 訊息網友最願意與你互動？這是我們現階段努力的目標。比別人早做，累積出新的知識，你就是專家。

YouTube 的興起，讓網路行銷的戰火從文字延伸到影音世界。企業可以將廣告片、宣導片，直接放到 YouTube，借用別人的頻寬進行另類宣傳；也可以拍攝 kuso 短片，放到 YouTube 創造品牌另類話題。很多素人歌手就是利用這類手法，在網路世界快速竄紅。

每年的「王品盃托盤大賽」，教育部長都會蒞臨致詞，是餐飲業的盛事。由於比賽規則繁複，主辦小組會將示範影片放在 YouTube 供大家點閱。為了擴大瀏覽的廣度，我們也會透過其他的行銷管道，將人潮導引到這裡。應用 YouTube 宣傳，不佔用自己的頻寬，成本又低，可說一舉數得。

對於管理品牌的人來說，所有的網路活動都是一時的，日子久了，消費者最終不會記得企業到底辦了哪些活動。只有兩個資產對企業是有意義的，一是「品牌」，二是「會員」。所以，不管你的網路宣傳有多麼成功，一定要把「會員」留下來！

| 品牌筆記 |

網路行銷技巧的演進，可說是計畫永遠趕不上變化。這個領域沒有專家，比別人早做，累積出新的知識，你就是專家。

商圈行銷，單店良藥

經營連鎖品牌，如果單店業績不理想，或想要創造更高的業績時，該怎麼辦？

一般而言，連鎖品牌為了一致的品牌形象，不會輕易開放個別單店有自己的行銷及宣傳活動，尤其是同一區域有多家連鎖店，更要加以管理。

不開放單店行銷的主要原因有二：首先，當下可能有全品牌的活動正在進行，如果又加入單店活動，消費者摸不清楚到底有哪些活動，自然會抵銷行銷力道，而且造成促銷成本愈來愈高；其次，如果同一地區有兩家店，Ａ店有單店活動，Ｂ店沒有，容易引起消費者抱怨。消費者最常質疑的莫過於：「為何那家店有額外優惠，這家店就沒有？你們是不是一國兩制？」

這至少帶給我們兩點啟發：同一城市有多家店，若要執行單店行銷活動，最好能綁在一起進行，可避免顧客抱怨；單店行銷活動可重新包裝現有的

促銷優惠，擴大地區宣傳，不一定要另立促銷名目，增加費用。

如果非不得已要執行單店行銷，以餐飲業而言，雖然每天都要吃，還是有淡旺季之分，商圈行銷便可選在淡季進行。

商圈行銷有三大步驟：首先要「建立商圈資訊」，其次要從中「尋找資源與機會」，第三才是「決定單店行銷方案」。

建立商圈資訊：若不知道所處的商圈條件，不瞭解它的屬性與顧客，就難以對症下藥。商圈資訊的建立，須先準備一張地圖，以該店為中心，畫出

左為品田牧場桃園遠百店校園促銷，右為夏慕尼台南永華店時尚之旅浪漫抽，皆為商圈行銷的一環。

步行 10 分鐘、開車半小時內可到達的兩個同心圓，然後針對商圈內的百貨公司、大賣場、辦公大樓、政府機關、影城、住宅社區及同業等主要人口聚集區，進行列表分析。此舉在於瞭解商圈屬性與設定拜訪對象。

尋找資源與機會：建立商圈資訊是知彼，此外還要知己，亦即要瞭解自己有哪些資源可以運用，比如目前有哪些招待餐點、促銷活動、拜訪文宣等；另一方面，從商圈資訊分析中找到機會，比如哪裡的人潮最多，或哪裡的目標客層最集中。

決定單店行銷方案：一旦決定了拜訪的區域和對象，就可制定單店行銷方案，方案可從不花錢的到花錢的一併列出。不花錢的方案，比如強化接待服務以留住客人，或用 eDM 告知地區性客人優惠訊息；花錢的方案，比如在人潮聚集區設置大型戶外看板，以提升商圈知名度，或用平面媒體夾報宣傳等。

就連鎖品牌而言，並不希望有太多的地區性促銷活動，擾亂全品牌行銷。從另一個角度觀察，如果一家店需要不斷地舉辦促銷才得以生存，也代表該店的立地條件有問題；更進一步，也可能是定價策略、產品策略不符合市場期待。

商圈行銷是一帖短期良藥，卻不可長期服用。

| 品牌筆記 |

同一城市有多家店，若要執行單店行銷活動，最好能綁在一起進行，可避免顧客抱怨。

12

第一印象知名度，決定市佔率

個人、企業、品牌都在追求知名度，然而知名度高就是好嗎？

《突破雜誌》每年都進行品牌知名度調查，並公布理想品牌排名，藉此可觀察到，不乏高知名度的品牌在營運上卻每年走下坡。不是說知名度就代表市場佔有率嗎？原來，知名度也有分「好」的知名度與「壞」的知名度。好比歷史上的秦檜，可說惡名昭彰；三國時的孔明也是家喻戶曉的人物，千年後人們仍惋惜他壯志未酬。同樣是高知名度，背後代表的意義卻不一樣。

所以，如果有人告訴我們某一產品的品牌知名度時，可以有兩種思考：其一，該知名度含有多少正面聯想？其二，指的是哪一種知名度？

至少有三種知名度是行銷人員必須關心的，不同的知名度也代表不同的意義。這三種品牌知名度指的是：提示知名度、未提示知名度、第一印象知

名度。

三種知名度通常可透過問卷調查而得之：請問你有沒有聽過「王品」？這是提示知名度。請問你知道哪些牛排館？答案可能有王品、茹絲葵、鬥牛士等，這是未提示知名度。未提示知名度進一步細分，便是第一印象知名度。上述問題，若消費者回答的第一個答案是王品，王品就擁有第一印象知名度，也就是行銷人口中的 Top Of Mind（TOM）知名度。

提示知名度通常會高於未提示知名度，未提示知名度又會高於第一印象知名度。如果提示知名度是 90%，未提示知名度大概不到 45%，而第一印象知名度可能只有 20%。知名度間的關係，會隨著產業類別而有很大不同，在低度競爭、品牌少的高知名度產業，例如仲介業，會有類似上述的關係；而在高度競爭的高知名度產業，例如飲料業，提示知名度、未提示知名度與第一印象知名度的落差會很大。

在行銷上，第一印象知名度最具有意義，因為它代表了在沒有任何提示下，消費者第一個閃過腦海的品牌，也代表心象佔有率（Mind Share）。我們常用它來表示品牌偏好度，是消費者生活中最常想到、接觸到的品牌。

知名度關係圖

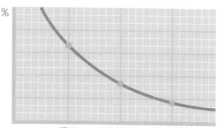

提示　　　未提示　　第一印象
知名度　　知名度　　知名度

生活中常常上演這樣的戲碼：若問今天下班後去哪裡吃飯？大家先面面相覷，然後開始思索，此時第一印象知名度高的品牌就會勝出。在實務上，第一印象知名度也用以推估該品牌的市場佔有率。如果該品牌的實際佔有率低於第一印象知名度，就表示該品牌的未來市場佔有率還有空間。

第一印象知名度之所以如此重要，在於消費者對品牌個數的記憶是有限的。根據研究指出，平均每一產品類別，消費者只會記得三個品牌。所以，品牌經營者無不卯足全力，讓自家品牌擠入第一印象知名度的前三名。

第一印象知名度，決定了你的市場佔有率。

| 品牌筆記 |

在行銷上，第一印象知名度最具有意義，因為它代表了在沒有任何提示下，消費者第一個閃過腦海的品牌，也代表心象佔有率。

13

文宣才是叩門磚

最近跟一位服務於零售業的朋友聊到文宣設計，得知該公司的總經理對文宣非常重視，每次要完稿輸出前，都會搬椅子坐在美術設計旁邊，告訴他應該怎麼修改，形同抓著美術設計的手來完成。我聽到後，覺得很不可思議。

發生這種情形，有兩個可能：其一，可能總經理也是設計高手，公司沒人比他更行，不過總經理日理萬機，連文宣也要管，只能說他非常在意這項作業；其二，可能是公司的企劃及設計人員，對文宣的「鑑賞力」仍待加強，連總經理都要為此操心。

很多中小企業，由於沒有足夠的行銷預算，或是為了省錢，沒能僱用專業的廣告公司代為設計文宣品，並為美感把關，只能委託小型設計工作室或自行培養的設計部門，自然無法一次到位。此時，企劃人員便扮演著重要

的角色。

對消費者而言，他們看不到企劃案的觀點與策略，只會看到出現在眼前的廣告或文宣品，如果消費者從文宣中讀不到你要跟他溝通的策略或意圖，基本上這個溝通就算失敗，再好的企劃案也枉然。

事實上，這種戲碼每天都在企業間上演。翻開報紙、瀏覽網頁、步行逛街時所看到或拿到的文宣，很多都達不到吸引人的程度，更遑論企劃所要販售的內容能否清楚地呈現了。企劃案通常都是公司通過了才會執行，但為何還是失敗的多、成功的少，這跟文宣的策略與設計有很大的關係，也難怪高階主管要關心文宣了。

文宣的策略與設計，決定了企劃案的成敗，所以企劃人員也要懂得如何宣傳，如何「鑑賞」文宣、「指導」文宣。為何說鑑賞呢？企劃人員可以不會文宣設計，卻得要具備「美感」。就像你不一定要會跳舞，卻可以學習欣賞舞者的肢體語言；你不一定要會櫥窗設計，卻可以品評擺設的美感；你不一定要會拍電影，卻可以因為自己對電影的喜愛及素養，去撰寫影評。

更進一步，企劃人員必須站在「消費者」和「品牌」的角度指導文宣。消費者的角度是指，有沒有辦法讓消費者一眼就抓到溝通的主題，而願意繼續往下看？廣告大師奧格威說：「要掌握『單一訴求』，也就是一次只講一件事，最容易把事情講清楚，也最容易被消費者記住。」一張小小的 DM，如果要溝通明星主廚、辣味豬排、四人同行一人免費等多種訊

息，最後會變得沒有重點。如果真
的有好幾件事要講，也必須有主從
之分。對於低關心度產品的行銷，
消費者並不會認真地閱讀廣告或文
宣，所以溝通愈簡單愈好。

從品牌的角度思考文宣，是企業最
容易忽略的事。有時企劃與美術設

王品集團各品牌的文宣表現。

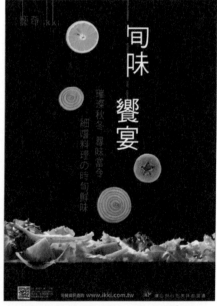

計可以產出一張好的文宣，卻沒能讓消費者看到品牌，雖然達到了行銷目的，品牌印象卻沒有建立，非常可惜。品牌的角度，便是指文宣品的表現要有一致性，並呈現品牌的重要元素。一致性包括：文宣品表現的型式（Format）、樣式（如方的或長的版面）、位置（如 logo 出現位置）、字型（字型代表品牌個性）等；品牌重要元素包括：標語、logo、代表圖騰及顏色等。

簡言之，企劃人員若想提高企劃案的成功率，就要具備鑑賞文宣的素養，以及指導文宣的能力。文宣是企劃的終點，是消費者的叩門磚，為了績效，企劃人員一定要全程掌控。

| 品牌筆記 |

文宣的策略與設計，決定了企劃案的成敗，所以企劃人員也要懂得如何宣傳，如何「鑑賞」文宣、「指導」文宣。

14

行銷的節奏感

以前我會對百貨公司的促銷有預期，現在卻覺得什麼時間去都一樣，因為隨時都有折扣。市場上的競爭愈來愈劇烈，就像便利商店的促銷一檔接一檔，你還來不及參與，就已經結束了。

這種現象，引發我的興趣和思考：「什麼時機舉辦促銷最有效？」

王品集團旗下的「聚」北海道昆布鍋，我們為了測試價格定位、瞭解市場反應，曾選擇北中南各一家店，推出 300 元的午間套餐，促銷期間為兩個月。反應好是原本的預期，但結果卻超乎想像，於是來自營業單位的聲音是要打鐵趁熱，一直推下去。經過深入討論，最後的決議是暫停兩個月，然後推出 330 元的套餐，全面上市。

從「聚」的例子，再衍生到如果一個品牌從年頭到年尾都在促銷，我認為會產生幾個負面效果：

對消費者而言，他們會認為你的促銷活動是玩假的，明明講好兩個月，卻自行違反遊戲規則；此外，如果不停地促銷，消費者會以為隨時都有好康，便不用急著去消費。以上都會造成「行銷活動失靈」。

對品牌而言，如果非得靠促銷才有業績，顯然這個品牌面臨了其中一個或全部問題：產品有問題、價格定位有問題，或開店區域有問題。產品有問題，包括產品未能滿足消費者的需求，或產品沒有差異化。價格定位有問題，包括偏離市場行情，或價格與價值之間未取得平衡點。開店區域有問題，如果為通路品牌，選對地點就如同選對另一半同樣重要。

對行銷而言，太多的促銷活動，有時來自於主管太過緊張，業績稍微有個波動，就希望趕快辦個促銷來彌補業績缺口，殊不知有些波動是因為非常短期的因素，比如一段陰雨綿綿的天氣，或是這幾天剛好某個路段在施工。太多的促銷活動，也可能來自於活動力很強的行銷部門，一檔接一檔，已經成為行銷人員的慣性。

一個值得期待的品牌，行銷活動要更有效。我認為至少要掌握幾個因素：

第一，行銷要有節奏感。有促銷期，就有休兵期，讓消費者覺得這一次若沒跟上，就要再等很久。

第二，盡量固定促銷日期。例如固定在母親節的前兩週，讓消費者產生預期，只要每年時間到了就會期待，甚至主動尋找訊息。不過，如果有競爭因素考量，也可適度調整。

第三，選擇在旺季結束前促銷。如此淡季一到，馬上有誘因吸引價格敏感度高的消費者出門消費，可以適度平衡營業的淡旺季。

第四，促銷頻率一減少，行銷資源便可集中。記得一旦決定促銷檔期，一定要聚焦全部資源，給予重重一擊，讓全天下都知道，接下來的收網就交給營業單位。

整合行銷之父舒茲曾說：「促銷常被視為品牌形象的一部分，若消費者習慣了某產品經常在折價，其促銷的效果自然微乎其微了。」足見行銷要有節奏感，是多麼重要的一件事。

| 品牌筆記 |

促銷常被視為品牌形象的一部分，若消費者習慣了某產品經常在折價，其促銷的效果自然微乎其微了。

——舒茲（Don E. Schultz）

第五部

品牌延伸篇

01

企業為什麼熱衷品牌延伸？

以前若有商務聚會，我常到星巴克，現在偶爾也約在 McCafe。從 McDonalds 到 McCafe，讓麥當勞藉由品牌延伸而大翻身。品牌延伸曾經是 1980 年代的熱門課題，如今企業面臨成長瓶頸，又再度成為焦點。

企業對新品牌的投資趨於保守，消費品大廠如 P&G、Unilever 更大幅度減少旗下品牌的數量；另一方面，應用既有的成功品牌來進行品牌延伸，以求取最大效益。然而，品牌延伸的做法至今仍有爭議，贊成者認為可借力使力，反對者則認為會傷害品牌。

至少在餐飲業，我認為並不太適合應用品牌延伸，因為餐飲業面臨很高的食品衛生風險，一個品牌有問題，全部品牌受影響。經營獨立品牌雖然辛苦，卻是一道最佳的防火牆。

品牌專家賴茲（Al Ries）最反對品牌延伸，他曾說：「破壞一個品牌最簡

單的方法，就是把它的名號放在所有東西上。」另一位行銷專家克魯索（Qurusoff）也指出：「根據研究，新推出的產品中，超過八成都是品牌延伸；而根據經驗，這些產品中高達 87% 可能會失敗。」

雖然如此，當今的企業仍然熱中品牌延伸，我把它歸納成五個原因：

「投資新品牌需要大把鈔票，且不保證成功。」以飲料業來說，成功上市一個品牌，保守估計第一年至少要投入 3 千萬以上的媒體廣告預算，而且不保證第二年的成功；高價商品則更可觀，一輛新車上市，沒有投注 1～2 億的廣告費，難以列入消費者心中的選購名單。

「透過品牌延伸，有效分攤後勤管理成本。」從企業的角度觀之，經營事業有其固定成本，如工廠的生產線、物流配送系統、固定人事成本等等，若有多個產品線共同分攤，便可將單位成本降下來。例如，統一企業利用同一物流體系配送鮮乳、左岸咖啡等保鮮飲品，達到配送的經濟效益。

「透過品牌延伸，期能吸引不同區隔的消費者。」這是 Mega Brand（超級品牌）的做法，常存在於高關心度的品類中，希望透過品牌延伸，一網打盡市場上各個階層的消費者。例如，TOYOTA 的 Camry 主打企業菁英，Altis 訴求年輕上班族，Yaris 強調是最大的小車，企圖吸引首購族。

「透過品牌延伸，抵禦競爭者的攻擊。」這種現象最容易發生在瞬息萬變的競爭市場，尤其以通訊、網路、電腦市場為甚，競爭者往往出其不意地推出殺手級產品，讓對手措手不及。例如，當 Acer 受到 ASUS 的 Eee PC 以低價策略攻入個人電腦市場時，便以 Aspire One 副品牌延伸來迅速回

擊。

「透過產品線延伸，滿足消費者的多樣性需求。」這是最普遍被採用的品牌延伸方式。當某一個產品品牌有了初步的成功，企業便迫不及待地推出不同成分、不同口味、不同容量的包裝，以滿足消費者因不同場合、不同時機的需求。例如，Nabisco RITZ（麗滋）推出多種不同包裝的餅乾，以滿足家庭、個人或外帶的需求。

無論你贊成或反對，品牌延伸的例子處處可見，似已成為不得不面對的課題。品牌管理者此刻最重要的任務，就是做好品牌延伸的管理。

| 品牌筆記 |

餐飲業並不太適合應用品牌延伸，因為餐飲業面臨很高的食品衛生風險，一個品牌有問題，全部品牌受影響。經營獨立品牌雖然辛苦，卻是一道最佳的防火牆。

02

品牌延伸需要什麼條件？

市場上的品牌延伸氾濫，諸如今年上市新品牌，明年就延伸產品線。這類品牌或許可帶來短期榮景，長期卻大都走向失敗，甚至斷送既有品牌的基礎。我認為要做到成功的品牌延伸，至少要考量三個條件：通過消費者的認知檢驗、擁有雄厚的品牌資產，以及龐大的企業資源為後盾。條件符合愈多，成功機會愈大！

I. 要通過消費者的認知檢驗

我觀察到，台灣的企業進行品牌延伸時，首先考慮的是如何分攤固定成本、擴大市場佔有率，極少從消費者的觀點來考量品牌是否適合延伸。

McKinsey & Company（麥肯錫）曾經選定主要品牌，逐一詢問消費者對該品牌延伸的意見，以尋找品牌延伸的機會。McKinsey 的研究人員提出兩個問題，第一題是：「你認為該品牌跨足到某個領域提供產品或服務，是否

適當？」再問：「你認為該品牌跨足到該領域後，將比現有的業者表現得更好、普通或更差？」

我認為在這兩個問題之後，還要追問「為什麼？」以探知消費者心中真正的想法，這才是支持品牌能不能延伸、以及如何延伸的背後理由。例如，SONY 帶給消費者的認知，是高畫質的影像與高傳真的音質，因此，當 SONY 併購 Ericsson 手機部門後，便將消費者認知的這項特質，應用到 Sony Ericsson 手機上，以爭取消費者青睞。

2. 要有雄厚的品牌資產支撐

品牌資產包括：品牌知名度、品牌聯想力、品質認知度、品牌忠誠度，以及相關專利等五項。在實務上，我們又常用消費者品牌聯想來衡量品牌資產。

強勢品牌所反映的品牌資產，是豐富而多元的。就消費者觀點，品牌聯想資產愈豐富、愈寬闊、愈正面，品牌延伸的潛力就愈大；反之，延伸潛力愈小。以迪士尼為例，消費者認為它可以提供全家人的娛樂需要，所以，只要迪士尼願意，它就有潛力延伸到與「家庭娛樂」有關的領域。

再以本土品牌為例，Acer 和 ASUS 給消費者主要的聯想是 PC 專家，產品線往下延伸至 Net PC，屬於消費者可接受的範圍，但若產品線橫向延伸至通訊領域的手機市場，則仍待消費者考驗。前者已放棄，後者則面臨極大挑戰。

品牌資產、企業資源、品牌延伸關係圖

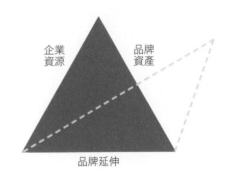

3. 要有龐大的企業資源為後盾

難道說，沒有消費者的正面認知及雄厚的品牌聯想資產，品牌延伸便沒有成功機會嗎？

有句俗話說：「有錢本身就是一個策略。」如果你的品牌擁有如 NIKE 的行銷資源、P&G 的廣告預算，同時掌握關鍵人才與技術，那麼企業仍有可能逆勢而為，讓品牌延伸成功。這類成功案例，通常來自擁有龐大資源、人才與技術的企業品牌，如飛利浦（PHILIPS）、奇異（GE），從家電到火箭無所不賣，就是最經典的例子。

一般而言，品牌雖然未擁有雄厚的聯想資產，有時甚至是負的，但憑藉著大量行銷資源的投入，仍可撥亂反正，扭轉乾坤。因此，品牌資產與企業資源兩者是互補的，截長補短仍可達到品牌延伸的目的。

然而，大部分的企業並非含著金湯匙出生，資源可說非常有限。因此，企業在考量品牌延伸時，我建議要從消費者對既有品牌的正面認知及品牌聯想的廣度，來發展品牌延伸策略，才可降低因不當延伸而拖累母品牌的風險。

| 品牌筆記 |

成功的品牌延伸，至少要考量三個條件：通過消費者的認知檢驗、擁有雄厚的品牌資產，以及龐大的企業資源為後盾。條件符合愈多，成功機會愈大！

03

品牌延伸有哪些形式？

「我們堅持，一切努力都是為了品牌！」這是我在公司裡無時無刻不在宣導的觀念，因為品牌代表了市場佔有率，也代表了利潤。然而，KFC 在中國的成功，使得珍惜品牌的經營者再度受到挑戰。

中國大陸的 KFC，應用既有的品牌知名度和通路優勢，大幅度進行產品線延伸，從傳統的炸雞到中式的燒餅、油條、雞肉粥，什麼都賣，成為中國最大的速食連鎖品牌。它滿足了「擁有龐大的企業資源為後盾」的品牌延伸條件，但品牌資產管理仍待時間考驗。

在渾沌、高成長的時代，人們追求的是生理滿足，非常產品導向；在穩定、成熟的市場，人們追求的是心理滿足，產品同質化高，重視的是品牌的象徵意義。前者如中國、印度；後者如歐美、台灣。

二十年前的台灣，叫賣式的廣告可以被接受，為何今天不行？道理是一樣

的。因此，談品牌延伸管理，也要把時間因素放進去，才不至於將昨日的策略放到今日的市場。

品牌延伸一般僅止於企業品牌和副品牌，但進一步探究市場上的品牌，還有分類品牌、產品線品牌等。品牌大師艾克將品牌延伸系統劃分得最細，幾乎可用以解釋、歸類市場上大部分的延伸品牌。他將品牌層級細分為：企業品牌、分類品牌、產品線品牌、副品牌，以及因產品成分或製造技術所形成的品牌。

然而，我們比較感興趣的是，如果企業要考慮延伸品牌，應該如何延伸？延伸多遠？並使得延伸後的品牌構成一個互惠系統？

企業品牌：一個品牌能延伸多遠，與品牌承諾（如企業品牌則為企業願景）有直接的關係，而且品牌承諾愈寬，所可能橫跨的事業領域也愈遠。

例如，P&G 的品牌承諾為「make everyday life just a little bit better」，P&G 不僅在清潔類產品獨霸一方，也跨入美容、食品、日用品等領域，是品牌承諾的具體實現。

又如，王品牛排經營十年後，從原先「一頭牛僅供六客」的產品面訴求，重新定位為「只款待心中最重要的人」的品牌承諾，從一家高級牛排館變身為高級西餐廳，適合在人生中的重要時刻款待重要貴賓。

分類品牌：在企業願景的驅動下，對某一產業產生興趣而進入新的事業領域，在該領域建立的品牌，便是分類品牌。分類品牌在企業品牌的大傘下

成長，如 Acer 以 Aspire 經營桌上型電腦，以 TravelMate 經營筆記型電腦。

產品線品牌：企業對市場有旺盛的企圖心，在同一產品類別下不斷地延伸產品線，企圖佔有更大的市場。例如，多芬的清潔用品有乳霜香皂、洗髮乳、沐浴乳、潤髮乳等；美強生的嬰幼兒奶粉有優生、優寶、優兒等；微軟的軟體產品有 Windows Vista、Windows 8 等。

副品牌：一個品牌通常沒有辦法涵蓋所有的客層，為了通吃市場上不同族群的消費者，企業利用既有的品牌優勢，向上或向下延伸，以吸引新的購買者。例如，高級服飾品牌 Giorgio Armani 以 Armani Jeans 向下延伸至年輕人市場，TOYOTA 以 Camry 向上延伸至高階上班族市場。

品牌層級

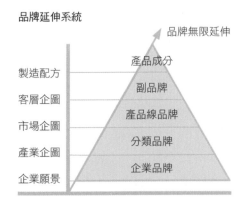

品牌延伸系統

產品成分／特色：企業也可因為擁有某一專利配方或獨特的製造技術，應用此一配方或技術進入各個不同的產品領域，達到延伸的目的。例如，SK-II 以 Pitera 的製造配方生產各種美容與保養商品，包括晚霜、眼霜、青春露等；Swatch 以超薄的製造技術生產 Skin Watch，形成新系列產品。

品牌延伸可以從企業願景開始，也可以從獨特的製造技術來發展，構成結構化的品牌延伸系統。至於能否成功，端視企業資源、品牌聯想資產及消費者認知而定。

| 品牌筆記 |

談品牌延伸管理，也要把時間因素放進去，才不至於將昨日的策略放到今日的市場。

04

品牌延伸有什麼效益？

只有強勢品牌才有延伸的條件，卻往往不小心做了錯誤示範，傷害到既有的品牌形象，比如多年前麥當勞在台灣市場推出和風醬蓋飯。另一方面，則是具有延伸條件的品牌未善加利用，往往錯失相互扶持的機會。

所以，企業一來要知所延伸，二來要善加延伸。企業進行品牌延伸時，在消費者的認知上有五種可能，即錦上添花、借力使力、無傷大雅、扯後腿，或錯失先機。實務上，企業採取品牌延伸策略，經過時間的淬鍊，只有兩種結果，即好（成功）或壞（不成功）。

「好」則達到錦上添花、借力使力的效果：新的延伸產品不僅沾既有品牌的光，還可強化並豐富既有品牌的聯想。

例如，Google 推出 Google Map，不僅強化了 Google 圖文搜尋領導品牌的地位，更多了地圖搜尋功能；Google Map 也因為 Google 的加持，而達到

品牌延伸就如廚師在手藝上玩花樣，做得好是加分，做不好則減分。

224

借力使力，快速地被消費者接受；又如，亞培推出嬰兒奶粉心美力、幼兒恩美力、兒童恩美力，從 0～6 個月的嬰兒市場一路擴展到兒童市場，就是瞄準原有的消費對象，不斷借力使力推出新產品。

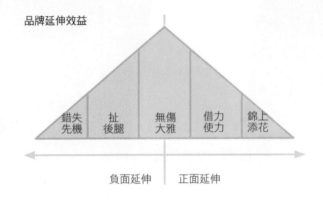

品牌延伸效益

| 錯失先機 | 扯後腿 | 無傷大雅 | 借力使力 | 錦上添花 |

負面延伸　　正面延伸

「壞」則會扯後腿、錯失先機：既有品牌因延伸產品而受傷害，或失去發展一個新品牌的機會，這是最不願看到的品牌延伸結果。

例如，pierre cardin（皮爾卡登）銷售浴室腳墊及生活用品，把 pierre cardin 從早期的進口高級品變成今日的普銷品；又如，Acer 挾既有品牌優勢，早年曾經進入 HiFi 家庭劇院卻鎩羽而歸，喪失一個進入影音市場的先機。

由於建立品牌不容易，亞洲企業喜歡在品牌略有成就或知名度後，就大肆進行品牌延伸，甚至導致失控。因此，充分瞭解品牌延伸將面臨的各種可能狀況，有助於品牌延伸的決策。

一個品牌要成功，必須先有產品力，再來發展行銷力，最後才談品牌力。

有足夠的品牌力，才有能力去延伸新品牌或新產品線。品牌力是品牌的根，只有根部牢固，才可開枝、散葉。

一般而言，品牌延伸跳得愈遠風險愈大，在愈相近的領域裡延伸風險愈小；橫向延伸風險較大，垂直延伸風險較小。

品牌延伸能否成功，最後還是決定於品牌延伸的三個條件，即通過消費者的認知檢驗、擁有雄厚的品牌資產及龐大的企業資源為後盾。

| 品牌筆記 |

一個品牌要成功，必須先有產品力，再來發展行銷力，最後才談品牌力。有足夠的品牌力，才有能力去延伸新品牌或新產品線。

第六部

品牌檢驗篇

01

堅持品牌一致性

iPod 推出懷舊造型的產品，對品牌是加分還是減分？同樣地，星巴克販賣即溶咖啡，是資產還是負債？前者與品牌個性有關，後者與產品定位有關。

堅持品牌一致性（Consistency），對於重視及經營品牌的企業來說，幾乎是不可動搖的信念；很多無法堅持一致性的品牌，最終無法獲得消費者認同。

然而，什麼是品牌一致性的內涵？我認為至少應包括三個層次：產品設計的一致性、表現風格的一致性、品牌承諾的一致性。前者是有形的，後兩者是無形的內涵。

產品設計的一致性，指的是產品的發展要有脈絡可循。例如，iPod 走的是時尚設計，忽然來了個懷舊造型，令人驚艷也令人錯愕，消費者的認知會

錯亂，給企業帶來極大風險。對餐飲業來說，就是菜色研發要有一致性，比如西餐廳就不適合把蔥爆牛肉端上桌。行銷大師賴茲也告誡我們，不能因為當下流行墨西哥食物，就在法國餐廳加入墨西哥菜。

表現風格的一致性，即品牌出現在消費者面前所展現的個性、溝通語調等，有一貫的軌跡可循。例如，NIKE 始終給人一種創新、活力、運動家精神的感官體驗風格，若忽然間正經八百地說起話來，便讓人感覺格格不入。

品牌承諾的一致性，即品牌長期提供給消費者的核心價值，要始終如一。例如，迪士尼無論從主題樂園、電影動畫到電視節目，在全球各地始終傳遞一致的「家庭價值」來娛樂消費者。

堅持品牌一致性的最大好處，就是能讓消費者產生信賴感，同時由於它的「重複」，讓消費者容易記住，使投資在品牌的每一塊錢都可以被累積。一個缺乏一致性的品牌，容易被消費者唾棄，如同一個人言行不一，行事風格變來變去，令人難以信賴的道理是一樣的。

在市場上取得傑出成就的品牌，都能堅持品牌的核心價值與表現風格的一致性，這類例子比比皆是，例如金頂電池（DURACELL）始終用那隻跑得更遠的兔子，來隱喻電池的耐用與親和力。在現實世界裡，由於缺乏品牌管理的概念，很多品牌均著眼於每一個單獨產品或文宣是否夠好，最終可能欠缺整體的一致性，甚至造成品牌承諾不明確。

品牌的不一致性也隨處可見，例如產品設計與品牌承諾無關、成功的行銷

活動卻與品牌無涉、平面文宣的表現風格與官網無法連結等情形。一致性說起來容易，做起來卻常常顧此失彼。

要徹底做到品牌一致性，就要把品牌定位當做最高指導原則。企業的每一個動作，都要回來檢視彼此有沒有互相衝突，要能夠不斷地累積品牌資產。

賴茲在《品牌 22 誡：行銷大師談品牌建立法則》（*The 22 immutable laws of branding : how to build a product or service into a world-class brand*）的第 10 誡中提到：「長時間徹頭徹尾保持一致性，最能讓這份工作的效果發揮到極致。」

| 品牌筆記 |

堅持品牌一致性的最大好處，就是能讓消費者產生信賴感，同時由於它的「重複」，讓消費者容易記住，使投資在品牌的每一塊錢都可以被累積。

02

何時知道品牌老化？

人怕老，品牌也一樣。差別在於，人老了易察覺，品牌老了難發現！

有些品牌的知名度很高，消費者的接受度卻不高，市場節節敗退，這可能就是老化的徵兆。找出老化的病因很重要，如此才能對症下藥。從我服務品牌的經驗，可歸納出品牌老化至少反應在五個現象：

品牌承諾不再被認同：大環境的改變，也改變消費者的心境，牽動消費者的喜好，因而引起人們感動的人事物也不一樣了。比如網路時代來臨，宅男宅女出現，自我意識趨於強烈，因此鼓勵傳統倫理價值不如訴求個人享樂，來得更容易被認同。

消費者厭倦現有品牌風格：大部分時候不是品牌承諾有問題，而是品牌表現風格對消費者不再具有新鮮感。比如同一種廣告表現或素材使用太久，會缺乏吸引力，最後難再引起消費者的興趣；餐廳也一樣，同一種裝潢風

格維持五年以上，就會變得沒感覺，菜再怎麼好吃，客人也逐漸少來。這就是為什麼王品集團旗下餐廳，要定期進行品牌再造的原因。

客層結構漸趨老化：如果發現新客人愈來愈少，老客人愈來愈多，千萬不要高興地以為是品牌忠誠度很高，因為這很可能代表了品牌無法貼近年輕人或新客人的喜好。在王品，我們定期觀察「新客舊客黃金率」，用以掌握新客人與老客人的黃金比例。一個成熟的品牌，如果老客人的比例大於七成，新客人不及三成，就得擔心老化提早來臨。

失去年輕形象的老品牌：二十年前，一個成功的品牌可以持續成功二十年；到了網路時代，一個成功的品牌也許維持不到一年。只要時間一久，幾乎所有品牌都有老化的可能。品牌老化，有時並不是產品品質不好，而是給消費者的「感覺」不好，缺乏時代感，不能代表消費者的心情。當企業遇到這種現象，通常都以為是產品有問題，因而不斷地改進產品品質，最後仍面臨被淘汰的命運。

這其實是從製造業的角度思考，認為消費者買的是技術與產品，殊不知現今的消費者買的是感覺的總合，其中包括產品的認知、企業的認知、形象的認知等，而這就是品牌。國際上歷史悠久的老品牌，如 VOLVO、MOTOROLA、AVON（雅芳）等，不都曾重新塑造品牌年輕化的形象嗎？台灣的喜餅品牌、罐裝咖啡品牌、保險品牌等，不也都有此現象嗎？

品牌不再被引用及討論：如果一個品牌常在大眾場合被提及，包括媒體報導、網路討論或學術研究，代表了品牌仍在鎂光燈下。為了瞭解王品集團

十一個品牌的「人氣指數」，我們每月會搜尋網路上的討論，並做成比較表。被引用或討論的品牌，對品牌而言是正面的，表示仍有人關心，或對品牌抱有期望。反之，一個不再吸睛的品牌，它的存在與否便已無關緊要。

如果你的品牌有上述現象，代表老化已經降臨，要盡早為品牌進行「拉皮」、「護膚」了。

| 品牌筆記 |

品牌老化至少反應在五個現象：品牌承諾不再被認同、消費者厭倦現有品牌風格、客層結構漸趨老化、失去年輕形象的老品牌、品牌不再被引用及討論。

03

你的品牌有什麼資產？

行銷的終點是品牌，而品牌已被視為當今企業的重要資產。Interbrand 品牌顧問公司每年都會為全球的品牌鑑價並公布排名，品牌資產更已成為全球企業領袖關注的焦點。

對穩健成長中的企業，品牌資產是成功的基石；對衰退中的品牌，企業會開始質疑消費者到底喜歡品牌的什麼、不喜歡的又是什麼？此時，確認消費者心目中品牌的資產與負債，變得十分重要。

學者專家為品牌與品牌資產所下的定義，可說百花齊放。奧美廣告創辦人奧格威，於 1955 年就寫下歷久彌新的品牌定義：「品牌是一種錯綜複雜的象徵。它是品牌屬性、名稱、包裝、價格、歷史、聲譽、廣告方式的無形總合。品牌同時

品牌資產五元素

也因消費者對其使用的印象，以及自身的經驗而有所界定。」

我則偏愛墨林為品牌所做的註解：「當一個人偶遇這家公司的商標、商品、總部，或公司具代表性的設計，心中所產生的所有思想、感覺、聯想及期望的總和，不多不少就是這些。」這樣的定義，很符合實務操作。

品牌學者艾克則從「資產減負債為淨值」的財務觀點定義品牌：「品牌資產（Brand Equity）是一組連結品牌名與符號的品牌資產及負債，透過產品與服務，去提升或減低給公司和消費者的價值。」

根據艾克的定義，品牌資產至少包括了品牌知名度、品質認知度、品牌忠誠度、品牌聯想及品牌其他資產（如專利）等五個元素。這五個元素並非彼此獨立，而是互相影響、互相激發價值。好比品牌知名度高的品牌，消費者可能擁有更多的品牌聯想；而品牌聯想豐富，就可能累積足夠的品牌好感……。左圖可呈現這五個元素間的緊密關係。

品牌資產實則是行銷面與傳播面的大議題。從行銷傳播的角度，對建立品牌知名度、品質認知度及品牌聯想的貢獻最大，品牌聯想則是品牌聯想調查者透過有系統的方法從消費者身上「挖」出來的。

王品在 2003 年執行了品牌再造工程，就是透過質化的品牌聯想調查，探索王品在消費者心中的資產，當然也有負債。我們找來三群

王品除了是一家高級西餐廳，也可以是款待重要貴賓的地方。

不同的消費者，包括「現在來的客人」、「來過不來的客人」及「知道不來的客人」，透過問題，詢問他們對王品的聯想。

藉著消費者的回饋意見，可以分辨存在消費者心中的是品牌資產還是負債。這些分析結果對品牌管理者非常重要，是擬定未來品牌策略的重要支持點。

對於品牌資產，如「一頭牛僅供六客」，可以在未來行銷上持續強化；對於負債，則加以改善；對於想要而未存於資產中的內容，則加以創造。例如，王品除了是一家高級西餐廳，也可以是款待重要貴賓的地方，於是創造了「只款待心中最重要的人」的品牌形象，並應用至今，成為新的品牌資產。

對領導品牌而言，探索品牌資產，是要確認哪些是品牌成功的關鍵因素；對變化中的品牌，辨識哪些是不可動搖的資產或需要強化的要素；對於新產品，則可用以定義消費者心目中差異化的品牌承諾。

管理品牌資產，讓品牌活得更有自信。請問，你的品牌有什麼資產？

| 品牌筆記 |

對於品牌資產，可以在未來行銷上持續強化；對於負債，則加以改善；對於想要而未存於資產中的內容，則加以創造。

品牌聯想調查，為品牌把脈（一）

國際性廣告代理，被公認為擁有最多的品牌管理知識（know-how），如大家熟知的奧美 360 度品牌管家（360 Degree Brand Stewardship）、揚雅（Y&R）的品牌資產評價因子（Brand Asset Valuator），以及達彼思（Bates）的 Brand Wheel 等，各門派巧妙不同，卻殊途同歸。

無論哪一家的 know-how，想要得到一個傑出品牌，都要從瞭解品牌的現狀開始，也就是要為品牌做健康檢查。

當我們辛辛苦苦為品牌努力了一整年，一定很想知道品牌留給了消費者什麼印象，而這些印象正是品牌資產的一部分。就像培育一名奧運選手，首先要瞭解運動員的體能狀況，才知道他擁有什麼、缺少什麼，才能從營養、體能等各方面提出培訓計畫，否則很可能病急亂投醫或無病呻吟。

最簡單的方法，就是每年執行一次「品牌聯想調查」，可分為量化與質化。

量化調查在於瞭解品牌知名度等量化指標，質化調查在於探索品牌聯想，其目的在於找出品牌既有的有形與無形資產，做為發展、修正品牌策略的基礎。

從通路品牌的觀點，我認為消費者的品牌聯想，從有形到無形包含了五個層次：產品聯想、識別聯想、企業聯想、使用者形象及體驗聯想。

每一個品牌一定代表著一個產品或服務，但當一個產品被包裝成品牌後，它還被賦予更多無形的資產，而形成獨一無二的品牌。例如，有個朋友叫阿丹，他總喜歡染金髮、穿大紅衣服上街，不管你喜不喜歡，總會大聲跟你說話，這些特質形成了別人對他的強烈識別、教養、個性認知與體驗，他也形成了獨特的個體。

所以，品牌不僅僅是產品，還包括品牌管理者所創造的品牌識別、品牌背後的企業聯想、使用者形象，以及消費者的親身體驗。從有形到無形資產的品牌聯想調查，用右圖來呈現，更易於理解。

品牌聯想的五個層次

1. 視品牌為產品

若問消費者想到某品牌時會聯想到什麼？通常得到的第一個答案是產品的

印象，比如提到麥當勞就想到漢堡。消費者想到品牌就想到產品，其實並不那麼重要，我們真正想要知道的是，當消費者想吃漢堡時，會不會想到麥當勞，而將品牌列入選項？當我們欲探尋品牌與產品的關係時，以下問題可做為參考：

——當你看到或聽到這個品牌時，你會聯想到哪些產品或服務？
——它的產品看起來／聽起來／聞起來／嚐起來感覺如何？
——你會如何跟別人介紹這一項產品或服務？

2. 視品牌為識別

商標、顏色、字體、代言人、吉祥物，甚至廣告結尾的音樂、slogan 等，都是明確的品牌識別資產。例如，Disney 的卡通字體、蘋果電腦的賈伯斯、Intel 的片尾音樂等，少了這些標誌，消費者將難以分辨品牌，產品也將陷入價格戰。當我們欲探尋品牌所擁有的識別資產時，以下問題可做為參考：

——當你看到或聽到這個品牌時，你會聯想到哪些標誌、符號、顏色、音樂或任何其他具象的事物？
——該品牌是否有令你記憶深刻的 slogan 或標語？

3. 視品牌為企業

每個品牌背後都有個企業，企業的所作所為累積為企業形象，最終成為品牌聯想的一部分，為品牌加分或減分。意義在於當品牌發生危機時，消費者因認同企業而願意重新接受它；更積極地，消費者願意將它列為第一選

擇。當我們欲探尋品牌的企業資產時，以下問題可做為參考：

——這個品牌（背後的公司）是一家怎樣的企業？它有哪些理想或信念？
——這個品牌（背後的公司）的所作所為，讓你覺得如何？

4. 視品牌為使用者

什麼樣的人就會買什麼樣的品牌，因為品牌往往反映了使用者的個性。屬於個性化的產品（如運動鞋）或炫耀性的產品（如各種精品），品牌即代表了個人的品味與身分，因此，那些能突顯使用者個性與身分的產品，它的品牌認同度就愈高。有時消費者並不那麼願意自我表白就是該品牌使用者的個性，所以得用間接的方法，來「探索」出他們心目中對品牌使用者的想法。當我們欲探尋品牌的擬人化資產時，以下問題可做為參考：

——如果這個品牌是一個人，你覺得「它」是一個怎樣的人？或者，如果這
　　個品牌是一本書（或一種動物），你覺得「它」是什麼？為什麼？
——你覺得什麼樣的人會用這個品牌，他（她）具有哪些特質？
——當你看到別人在用這個品牌時，你對他（她）有何看法？

5. 視品牌為體驗

體驗聯想代表了通路品牌利益的一部分。例如，IKEA 銷售的不只有家具家飾，而是提供各種家庭（大家庭、小家庭、頂客族等）居家需求的體驗；新加坡航空販賣的也不只是旅客運送，還包括無微不至的座艙服務。上述體驗，讓 IKEA 有別於一般家具店，讓新航有別於一般航空公司。

艾克在定義品牌資產時，並未明確地指出品牌體驗也是品牌資產的一部分，但有三個原因致使品牌管理者不得不重視體驗資產的存在：一是生活品質提高，消費者要求附加價值；二是商品同質性提高，功能性價值式微；三是零售通路快速竄起，通路品牌體驗日趨重要。當我們欲探尋品牌體驗的聯想時，以下問題可做為參考：

──當你開始接觸這個品牌時，你有什麼樣的經歷與感受？

──當你使用這個品牌後，談談你的實際感受跟期待的有何不同？

──（若為零售通路品牌）當你到這家店消費時，跟你去其他通路有何不同的感受？

消費者對品牌的聯想可能非常多，也可能說不上來。如果品牌聯想又多又正面，表示品牌資產雄厚，反之則缺乏品牌力。

透過品牌聯想進行「品牌聯想調查」，可以精準掌握品牌資產，企業應該每年執行。

| 品牌筆記 |

每年執行一次「品牌聯想調查」，其目的在於找出品牌既有的有形與無形資產，做為發展、修正品牌策略的基礎。

品牌聯想的策略涵義

「品牌聯想調查」的目的，不僅是讓品牌現形，更進一步要從眾多的品牌聯想中，萃取有意義的資產，形成品牌觀點，甚至提供行銷傳播的方向。簡言之，我認為「品牌聯想調查」的結果至少可應用在幾個領域：

1. 確認品牌的核心識別及其代表意義：分出有意義與無意義的識別，並挖掘有意義的識別的背後含意。

2. 強化品牌既有資產，消除負面聯想：將有意義的品牌資產設定為傳播上的必要元素，並持續發揚光大；對負面資產則淡化它，或提出新的解決方案。

3. 做為品牌延伸的基礎：企業最常也最喜歡進行品牌延伸，品牌聯想有多寬，品牌延伸就可能有多遠。

4. 使每一個行銷傳播動作維持一致性：透過「品牌聯想調查」而確認的品牌識別、品牌個性及品牌體驗，可以成為設計所有行銷傳播活動的指導方向，使每一品牌的Tone & Manner（風格與語調）維持一致性，且被確實地累積，使得企業投資的每一分錢都花在刀口上。

05

品牌聯想調查，為品牌把脈（二）

企業透過質化的「品牌聯想調查」來瞭解品牌資產，需要釐清下面四個問題：一是誰來回答，二是定義所要調查的品牌，三是定義競爭品牌，四是如何分析。分別說明如下：

1. 誰適合回答品牌問題？

如同市場調查，首先要決定誰應該來回答品牌的問題？通常設定為現有使用者，但是單一對象的調查結果無從比較差異，所以還會加入潛在使用者、競爭品牌使用者。

有時也會邀請品牌擁有者（企業主）來回答問題，其中一個很重要的目的，是要瞭解品牌擁有者與真正消費者之間，對品牌的認知是否有很大的落差？通常品牌擁有者長時間浸淫在自己的品牌，形成許多既有的主觀意見，而這些意見與現有消費者不盡相同。

2. 如何定義所要調查的品牌？

「品牌聯想調查」針對的若是產品品牌，如品客洋芋片（Pringles）、汰漬洗衣粉（Tide）等這類產品品牌，就相對單純；但若是企業品牌，如日立、飛利浦、蘋果等，一個品牌跨足多個領域，在執行前就必須被明確定義，好比設定為日立、日立冷氣、日立電冰箱，得到的結果往往很不一樣。

如果是正在企劃中的新品牌呢？那麼「品牌聯想調查」應鎖定市場中的現有競爭者（如同價位品牌），目的在於知己知彼，以建立差異化的品牌個性及識別元素。

3. 如何定義競爭品牌？

如果「品牌聯想調查」只問自己的品牌，而忽略競爭品牌，則無法進行橫向比較。因此，有必要同時檢驗消費者對競爭品牌的看法，但競爭品牌最好不超過三個，否則同樣的問題要消費者一直回答，會影響答案的有效性。

要定義誰是競爭品牌，跟競爭策略有極大的關係。通常缺乏經驗的執行者，會直接把競爭品牌設定為市場的領先群品牌，大部分時候是對的，但有時卻不一定！某些情況下，競爭品牌應是市場中的同級品牌（如同價位），或是次領先群品牌。如果設定為領先群品牌，縱使知道其品牌資產，也無法效法它的策略，因為行銷資源可能差異太大，永遠無法與之抗衡；若為其他次領先群品牌，則有可能透過行銷操作，轉移它的消費者。

4. 如何分析？

完成「品牌聯想調查」後，接著就要為每一個品牌整理出一頁的「品牌認知圖表」。橫向是品牌聯想內容，包括產品聯想、識別聯想、企業聯想、使用者形象、體驗聯想等五個層面；縱向則是各種調查對象的回答內容，包括品牌擁有者、現有使用者、競品使用者、潛在使用者。然後，再將所有意見分成正面和負面，是品牌資產還是負債，便可一目瞭然。

「品牌聯想調查」屬於質化調查，尋求的是消費者日常浸淫在品牌世界中的感受。要忠實地記錄消費者語言，沒有專業用語，不會出現市場佔有率、生活型態、滿意度或行為等等分析與結論。

品牌聯想認知差異表

正面意見	產品聯想	識別聯想	企業聯想	使用者形象	體驗聯想
品牌擁有者					
現有使用者					
競品使用者					
潛在使用者					

負面意見	產品聯想	識別聯想	企業聯想	使用者形象	體驗聯想
品牌擁有者					
現有使用者					
競品使用者					
潛在使用者					

至於內容整理則要忠於消費者的回答，不要加入專業詮釋而失去原意。例如：「想到它的味道，我就很想衝出去。」不必整理為：「她很想去買一客回來吃。」

以上四個課題，是執行「品牌聯想調查」時最容易被忽略的。只有準確地定義與執行，才能蒐集到有價值的意見，釐清消費者心目中的品牌資產。

| 品牌筆記 |

「品牌聯想調查」中的競爭者品牌，不一定是市場的領先群品牌，應該是同級品牌（如同價位），或是次領先群品牌，以免因為行銷資源差異太大，無法與之抗衡。

06

品牌聯想調查，為品牌把脈（三）

在使用質化的調查資料時，我經常被問到：那麼少的樣本有代表性嗎？「品牌聯想調查」也是質化研究的一種，屬於少量樣本的觀察，那麼該如何解讀呢？

除了受訪者的代表性外，常被問到的問題還包括：是否需要量化調查來輔助？品牌聯想調查的發現到底是現狀還是策略？這些問題，可以稱做品牌聯想調查的迷思。我分別說明如下：

是否有足夠的代表性？「品牌聯想調查」既然被定義為質化的面對面訪談，就不可能有大量的受訪樣本（成本與時效考量）。它探討的是消費者心中的想法（聯想），需要深入追問的不僅僅是 What 也是 Why，所以尋求的不是數量的代表性，而是內心深處的想法與原因。

有時為了要滿足數量的代表性，而提高受訪者人數到百人以上，以利統計

分析。我認為並無此必要，一來所費不貲，二來代表性永遠不夠。例如 Coca Cola 上市 New Coke，調查了 80,000 個消費者，最終仍然宣告失敗。因此，重要的是如何解讀。

需要量化調查來輔助嗎？質化的「品牌聯想調查」並非代表一切，我們從中發現了事實，但若無法判斷這是普遍認知還是個案，就有必要以量化調查來驗證。例如，有人認為直營店比加盟店有保障，這到底是少數一兩個人的意見，還是普遍的意見？這時可以啟動量化調查加以求證。應用質化調查，我們更想知道的是，為什麼人們會認為直營店比較有保障？

另一種需要輔以量化調查的情形，是當 A 場的結論認為加盟店比較有保障，而 B 場卻一面倒地認為直營店比較有保障，此時就要擴大受訪者加以求證。

總之，當需要知道消費者的認知是否為普遍現象，或是當受訪者的意見出現分歧時，便可輔以量化調查。

品牌聯想調查是現狀還是策略？最可怕的情形是，把「品牌聯想調查」的發現當做策略來應用。例如，發現某蔬食餐廳的愛用者很多是宗教界人士，就認為要針對該族群做訴求，這是倒果為因。策略的制定仍須結合市場趨勢、競爭動態，以及消費者需求加以判斷。

品牌策略可能設定在既有的基礎下擴大市場（如宗教族群），也可能需要重新定位來找到具有競爭優勢的市場區隔（如年輕愛美的女性）。所以，「品牌聯想調查」的發現是發展策略的基礎，卻不一定是未來策略的方向。

執行面的問題無法一言道盡，會隨著品牌、產品及大環境而不同。最好的
體會就是，現在開始，為自己的品牌執行一次「品牌聯想調查」吧！

| 品牌筆記 |

品牌聯想調查的迷思，其一在於樣本數，其二是把調查的發現當做策略來應用。不可不慎！

第七部

內部管理篇

01

多品牌的會議管理

管理一個品牌單純，但是當有十一個品牌，這十一個品牌各有不同的定位與行銷策略，既要差異化，又要不衝突，確實是很大的挑戰。

當公司在三～五個品牌階段時，品牌管理開始面臨一些問題。王品集團的多品牌制度，採取事業單位各自獨立，但品牌卻集中管理，一品牌一企劃，即以品牌小組來作業，負責企劃所有與品牌、行銷有關的事務，而且獨立作業，只有主管才知道各品牌的策略與最新訊息。

由於過於獨立運作，縱使在同一個部門，各品牌小組之間的資訊仍不流通，繼而產生陌生感。既然在同公司，當然也急於想知道「隔壁」品牌的狀況。「B品牌到底在做什麼啊？」「怎麼記者會的時間又撞在一起？」諸如此類的聲音不時上演，形成管理上的盲點。

很多人都知道，王品集團每週有「中常會」，由總部各部門及事業處主管

共 23 人，和戴勝益董事長一起開會。會議中每個人報告的時間是固定的，超過 1 分鐘罰 100 元。其中董事長分配 40 分鐘，副董事長 20 分鐘，其他每位主管都為 7 分鐘。7 分鐘其實報告不了什麼事，而且 1 個小時後，注意力也會開始分散。

既然如此，這麼冗長的會議到底有什麼作用？我認為，無形價值遠遠大於每個人的報告內容。透過每週一次的碰面（主管沒會議時，大都不在公司），不論採購主管、財務主管、事業主管的報告有沒有都聽懂，大家談笑風生中，許多共識、價值觀、企業文化就在不知不覺中建立，形成今日高階主管極高的凝聚力。

品牌部門全體會議，凝聚團隊共識。

這是一個很大的啟發，如何應用在品牌團隊的管理，是我面對的課題！

目前王品集團已有十一個品牌，設置了十一個品牌企劃，再加上跨品牌的共同資源，包括設計小組、行動行銷小組、公關異業小組及顧卡管理小組，總共十五個小組，內部溝通儼然成為主管最大的挑戰。

為了讓溝通順暢，我在部門內設置了三層會議，分別為「化妝午會」、「老賊會」、「豬頭會」。

「化妝午會」最初在下午召開，不是要化妝才能來開會，而是每位成員都是品牌的化妝師，讓大家不忘記自己扮演的重要角色。化妝午會比照中常會的開會模式，每個人分配 5 分鐘，分享工作計畫和學習心得，主管及其他成員則可就提案內容進行 5 分鐘的指導或提問。這個會議帶來三個附加價值：凝聚品牌文化共識、加強團隊成員默契，以及快速解決作業衝突。

「老賊會議」由資深幹部組成，對重要議題深入探討；「豬頭會議」則由各組組頭構成（故名豬頭），討論的是該品牌的行銷議題。

再好的品牌策略，如果團隊沒有高度共識，就沒有執行力。透過多層次的會議來建立共識，至為重要。

| 品牌筆記 |

再好的品牌策略，如果團隊沒有高度共識，就沒有執行力。透過多層次的會議來建立共識，至為重要。

化妝午會，大家穿出高中時代的制服，
巧扮「那些年，我們一起……」

内部
管理篇

02

多品牌的知識管理

最近聽稽核部門說，品牌部的檔案管理做得很好，讓她們查核時非常清楚。稽核部門定期抽查各部門的企劃案、合約管理、費用支付等作業，這是她們的職責。

知識管理學者郭杜司（Mohammed Quaddus）認為：「知識管理是處理組織內外知識的產生、保存與分享。」由此可知，知識管理肇始於資料檔案的建立。

上班族習慣把作業檔案儲存在以自己為名的檔案夾中，由於在個人電腦裡看不到，也等於是「黑箱作業」，老闆通常沒注意也不太管。然而，知識管理若做得好，能對公司產生極大的價值；沒做好，卻是一種弊端。

如果公司有十個品牌，分別有十個負責品牌的企劃，每個人都把自己的作業檔案存在自己名下，再根據自己的定義，開了很多子目錄儲存不同性質

檔案的分類方法：第一層，依品牌分類；第二層，依工作項目分類；第三層，依時間因素分類；第四層，為各項工作細節。

的檔案，最後會產生什麼結果？當同仁異動時（輪調或離職），所有的資料都找不到或很難找到，不只工作沒效率，也讓知識與經驗流失。

為了克服這樣的問題，我們架構了檔案管理規則，同時建立內部品牌管理網站，讓檔案得以保存，知識得以延續。

在檔案管理規則方面，由於我們是一個品牌導向的組織，所以檔案管理的第一層一定要用品牌名，如王品、西堤、陶板屋等，絕不能用個人名字；第二層以十大行銷活動分類，如事件行銷、網路行銷、異業行銷、結案

檔案的分類方法

0 品牌部	01 會議記錄		
	05 媒體名單	051 每月定期聯繫名單	
		052 全國媒體名單	
		053 董事長媒體名單	
	06 夥伴聯絡表		
	07 合作廠商聯絡表		
	08 異業合作專案		
	09 制度規範	091 作業規範	0911 作業施行細則
			0912 異業合作規範
			0913 每月例行事務
		092 標準化表格	
	0A……		
1 王品	10 品牌開創及再造		
	11 事件行銷		
	12 直效行銷	121 菁英專案	
		122 生日專案	
		123 結婚專案	
	13 網路行銷		
	14 異業行銷		
	15 離峰行銷		
	16 節慶行銷	161 春節	
		162 情人節	
		163 畢業季節 - 謝師宴	
		……	
	1B 年度行銷策略	2009 年	
		2010 年	
		2011 年	
		……	
2 西堤			
3 陶板屋			
4……			

報告等；第三層再用年度分類。新檔案的命名規則，則設定為 YYMMDD_
內容。例如，要調閱王品 2008 年 15 週年慶企劃案，可於下列連結中找到：
\ 王品 \ 事件行銷 \2008\080619_ 王品 15 週年企劃。

最重要的是，所有檔案的建立不能儲存在個人的電腦硬碟中。所有存在個
人硬碟裡的歷史檔案必須大搬家，重新歸入新的分類中。

為了養成新的工作習慣，我把「做好檔案管理」當做同仁的 KPI，而且只
要跟同仁討論企劃案時，一定要同時打開電腦檔案，確保每一項作業都有
被妥善儲存。如此經過一整年的會議溝通、季檢討，才得以完成所有資料
的重整作業，如今檔案管理制度化已邁入第六個年頭了。

一分耕耘，一分收穫。新的檔案管理系統，已成為多品牌管理的最佳後盾。
這至少帶來幾項好處：首先，討論案子時，隨時可以調出相關資料與結案
報告，汲取其他品牌經驗，且不用假手同仁尋尋覓覓；其次，內部人員進
行品牌輪調時，不會造成知識的流失，新上任者立時可以上手，效率大幅
度提升。

多品牌管理是差異化的管理，對外不易形成加乘效果，對內卻可以從檔案
管理做起，把黑箱作業制度化，把知識留在公司，達到管理綜效。

| 品牌筆記 |

多品牌管理是差異化的管理，對外不易形成加乘效果，對內卻可以從檔案管理做起，把黑箱
作業制度化，把知識留在公司，達到管理綜效。

03

多品牌的組織管理

「你們到底有多少品牌？我已經搞不清楚了！」「這麼多品牌，你們是如何管理的？」的確，對王品集團有興趣的人，經常問我們這類問題。

如今，我們已有十一個品牌，這麼多品牌如果不把它區隔清楚，就會失去努力的方向。「把品牌弄清楚，就要讓消費者分不清楚。」如果每一個品牌，在菜色、氣氛、品牌識別上都很像，消費者便很容易認定是出自同一家公司，它的獨立性便不見了，也就失去經營多品牌的意義。

唯有讓每個品牌都有鮮明的個性，各自有擁護者，才算初步成功。因此，至少要做到兩件事：一是明確的品牌定位，二是有效的品牌管理組織。

管理一個品牌尚稱簡單，管理多個品牌則要把相對複雜的事情做到簡單。當企業只有一個品牌時，不會有資源分配及品牌衝突的問題，建構品牌的組織相對單純。

我參與了公司品牌快速發展的階段，為了因應多品牌的管理，品牌行銷組織至少歷經三次變革：第一階段為功能導向的組織；第二階段為品牌導向的組織；第三階段則以品牌導向的組織為主，輔以功能小組。

功能導向的組織，在於把每個人的職務劃分成專業功能，形成功能小組，如活動小組專門辦活動，企劃小組只做企劃，企劃出來的行銷案則由活動小組執行。這種組織的優點在於專業分工，但是執行者對品牌的瞭解僅限於所負責的部分。

品牌導向的組織則以品牌分組，如王品小組、原燒小組、品田牧場小組等。每一品牌小組設立一個品牌企劃，品牌企劃負責該品牌所有與品牌、行銷有關的事務，舉凡年度行銷計畫提案、消費者試菜、店舖裝潢風格管理、店舖裝置藝術、文宣統籌管理、網路行銷、媒體聯繫、異業合作開發等十大行銷活動的企劃與執行。

品牌小組的運作，讓品牌企劃與事業處營運產生緊密的連結，並完全掌握品牌相關事務；缺點則是隨著品牌的發展，負責的事務過於繁雜。好比五個品牌，就有五個企劃為了自己的品牌在進行媒體聯繫、異業行銷開發，對內產生重工，對外形成多頭馬車。

為了克服品牌導向組織的缺點，於是將共同的工作抽出，成立異業公關小組、網路行銷小組、設計小組，形成共同資源，服務所有品牌，達到多品牌綜效。

如果說「品牌定位」決定品牌的策略與方向，「品牌管理組織」則承擔落

實與執行，因此，兩者必須有最好的調和。

品牌導向的組織，對內產生重工，對外形成多頭馬車，為了克服其缺點，於是將共同的工作抽出，輔以功能小組，形成共同資源，服務所有品牌，達到多品牌綜效。

04

落實訓練，實踐品牌

九年前我剛加入王品集團時，訓練總監張勝鄉就跟我說：「我幫你實現你的想法。」初來乍到著實有點不能理解，心想：「我的想法如何由你來實現？」原來他的意思是，透過訓練，可以幫助我達成我想做的事情。

的確，再多的想法，再多的品牌策略，要讓 10,210 位（當時 900 位）分散各地的同仁理解並貫徹執行，是一件大工程，而落實訓練是唯一的途徑。

時至今日，在訓練部的協助下，我們發展出了「品牌階梯課程」，將品牌信念傳遞到基層的每一位同仁，形成全員經營品牌，創造差異化的優勢。

品牌階梯課程的設計概念，可用「三分天下」來說明：分資歷、分職務、分內容，因材施教發展品牌訓練教材。

分資歷：首先分新進同仁與資深同仁。新進全職同仁必須於一個月內回總

品牌階梯課程

	儲備經理
管理師	你該知道的品牌定位與菜色研發觀點
接待員	你該知道的品牌定位與商圈行銷
新進同仁	你該知道的品牌行動
	你該知道的品牌知識

部完成第一階的品牌課程「你該知道的品牌知識」，授予品牌的基本概念、品牌在公司的角色，以及品牌與你的關係。由於公司擴展迅速，新人愈來愈多，回總部上課的新進同仁從每月一班到兩班，最後全部發展為線上教學。

分職務：由於每一職務的管理權責及對營運的影響力不一樣，能吸收與需要知道的品牌知識也不同，因此，依職務權責分為接待員、管理師及經理人三種對象，課程則按照需求由淺入深設計。

分內容：接待員在第一線接待顧客，一舉一動都是顧客的焦點，授予第二階的品牌課程「你該知道的品牌行動」。此課程較偏重操作面，有三個重點：認識「十大品牌行動」、如何閱讀「企劃案」，以及與顧客溝通「SP訊息」。

管理師是從幹部至店長，為店鋪的管理階層，負責店鋪經營與商圈開發，授予第三階的品牌課程「你該知道的品牌定位與商圈行銷」。課程也有三

個重點：如何讓自己更像個品牌人、商圈行銷，以及商圈拜訪。

經理人課程，則是針對有潛力晉升為區經理的資深店長所設計的先修課程，著重在品牌觀念的教育，即第四階的品牌課程「你該知道的品牌定位與菜色研發觀念」，強化產品發展要用品牌定位來檢視，以免菜色研發失焦。

以上四階課程，無論是新人或資深人員訓練，都有一個共同章節，就是「品牌是什麼」與「紅三角酷」。對不同職務的同仁，於不同的階段，不斷地灌輸同樣的觀念，一直到品牌成為每一位同仁的 DNA。

唯有當品牌信念扎根於每一階同仁，品牌的實現便不遠了。實踐品牌，透過訓練，而不是光靠理論。

| 品牌筆記 |

再多的想法，再多的品牌策略，要讓 10,210 位分散各地的同仁理解並貫徹執行，是一件大工程，而落實訓練是唯一的途徑。

05

建構品牌地圖

2010 年 10 月 20 日，是王品集團走出同文同種大中華經濟圈的重要時刻，陶板屋遠嫁泰國，品牌授權由當地餐飲業者經營。

品牌授權的意義，在於邁向國際化時，授權品牌仍能反應母國的品牌形象，傳遞一致的品牌精神。這些內涵是走向國際化必須堅持的。過程中至少有三種情況可能發生：

第一種情況是，產品在外國賣得很好，但消費者已認不出這是來自哪一國的品牌，因為不管是有形產品或品牌識別（如 logo、顏色、字體等），都已經變調了。這種「品牌」，縱使銷售再成功，對母品牌也無意義，因為對方等同不要你的招牌，產品也可以照樣賣，也就隨時有被對方撤換的可能。台灣很多小吃或老品牌到了國外，就曾發生這樣的情形。

第二種情況是，品牌識別仍然維持，但有形的產品、價格等，已經跟母國

的品牌定位不一樣。這類品牌做得愈成功，對母品牌的挑戰愈大，畢竟如今國與國間的人民往來頻繁，消費者會反過來質疑他原來所認識或認同的品牌。據報導，鼎泰豐授權到中國深圳，就發生當地業者推出水果刨冰、滷肉飯、川菜剁魚頭、珍珠奶茶……等應有盡有的台式料理，讓品牌失焦。

第三種情況是，海外品牌完全遵照母國品牌的定位執行，這是最理想的。例如星巴克、麥當勞等，並不會因為到了低所得國家，而大幅度調整產品與定價。國際品牌都有完整的品牌授權規範，而台灣品牌才正要國際化，因此，不妨學習成功國際品牌的做法，發展一套品牌規範，品牌專家摩瑟

把它稱做——「品牌地圖」。

不要把定義「品牌地圖」當做是一件難事，品牌地圖其實是把當地品牌成功的 DNA 加以整理，形成一本對外溝通的手冊，它不是規範行銷應如何運作，因為行銷需要因地制宜，品牌地圖則是規範品牌面的內容。為了便於理解與執行，「品牌地圖」涵蓋的內容應包括「基礎定義」與「應用定義」。

基礎定義，包括品牌創立精神、「五層紅三角」及品牌識別系統。品牌精神是指品牌成立的初衷或宗旨；「五層紅三角」包括了五個層面的品牌定位；品牌識別系統則包括商標、顏色、字體等五感識別（視覺、聽覺、觸覺、嗅覺、味覺）。

應用定義，則將基礎定義延伸至應用的領域，讓執行者易於遵循。在王品集團，就是「十大品牌行動」。

不管你的品牌只立足台灣或準備國際化，我認為，每一個品牌都要有一本「品牌地圖」，讓企業的每一個活動都能聚焦，讓品牌一致性得以管理。

建構品牌地圖，不只規範品牌，也是發展品牌國際化的第一步。

| 品牌筆記 |

品牌授權的意義，在於邁向國際化時，授權品牌仍能反應母國的品牌形象，傳遞一致的品牌精神。這些內涵是走向國際化必須堅持的。

泰國陶板屋的大門店景與服務同仁。

創新、塑造、管理多品牌,除了策略,也仰賴擁有創意、紀律、執行力「三力」的多品牌行銷團隊;還有前任企劃部主管英美惠副總所交接的優秀夥伴,陳雪惠、卓素鳳、連翠綢、黃巧慧及謝芝玉,她們五位也是在公司資源最缺乏的 2003 年,協助我成功地執行了王品的第一場整合行銷活動。

時至今日,我們已經擁有 3 個品牌群團隊,分成 15 個小組,管理 11 個品牌。難能可貴的是,所有十大行銷活動的執行,都不假手他人,並且能以最低的執行費用,創造最高的品牌能見度與績效。有了他們的努力,才有今日區隔鮮明的多品牌。

■ 由「老賊」組成的品牌管理團隊
② 由林國威經理帶領的「大四喜」品牌團隊
③ 由張正昌副理帶領的「大滿貫」品牌團隊
④ 由周國維副理帶領的「大三元」品牌團隊
⑤ 由連翠綢副理帶領的設計團隊
⑥ 2003 年「十朵玫瑰」執行團隊

（此頁照片皆由陳郁涵攝影）

後記

品牌	成立年份	產品定位	品牌承諾	品牌個性	代表花朵／圖騰	代表顏色	代表戰役	店數	價格
王品	1993	西式高檔牛排	只款待心中最重要的人	尊貴的	玫瑰	玫瑰紅	十朵玫瑰	15	1,300
西堤	2001	西式中價位牛排	Let's Tasty, Let's enjoy!	熱情的	太陽花	橘紅	熱血青年站出來	36	499
陶板屋	2002	和風創作料理	春風有禮人文饗宴	有禮的	薰衣草	薰衣草紫	一人一書到蘭嶼	33	499
原燒	2004	優質原味燒肉	原汁原味的好交情	純真的	海芋	海芋綠	中秋節陪烤團	22	628
聚	2004	北海道昆布鍋	聚在一起的感覺真好	熱忱的	天堂鳥	天堂橘	高空昆布剪綵	30	349, 530
藝奇	2005	新日本料理	玩味＋創意×食藝	寵愛的	五葉松	黑	神鼓慶開幕	13	698
夏慕尼	2005	新香榭鐵板燒	第一時間。先嚐。嚐鮮	浪漫的	鳶尾花	法國藍	鐵板亂打秀	15	980
品田牧場	2007	日式豬排咖哩	品味幸福暖暖心田	溫暖的	蒲公英	金黃	辣豬排火辣上市	28	258, 318
石二鍋	2009	石頭鍋涮涮鍋	好安心好涮嘴	朝氣的	綠紅色帶	青蔬綠	石鍋幫	35	198
舒果	2010	新米蘭蔬食	用心感覺食物的美好	青春的	五色鳥	桃紅	全台粉絲讚出來	15	398
曼咖啡	2011	法式咖啡蛋糕輕食	Happy Monday, Happy Everyday!	時尚的	蝴蝶	Tiffany 藍	開幕一日店長	11	55, 99
Hot 7	2013	新鐵板料理	滋滋原味快‧鮮‧頌	元氣的	料理鐵鏟子	酒紅	—	2	290

國家圖書館出版品預行編目資料

WOW！多品牌成就王品／高端訓著
-- 初版 .-- 臺北市：遠流，2012.03
　　面；　　公分 .--（實戰智慧叢書；H1398）
ISBN 978-957-32-6938-0（平裝）
1. 王品集團 2. 企業經營 3. 品牌行銷
494　　　　　　　　　　　　　　　101001764

實戰智慧叢書 H1398
WOW！多品牌成就王品

作者：高端訓
校閱：簡育欣
照片提供：王品集團
出版四部總編輯暨總監：曾文娟
資深主編：鄭祥琳
特約主編：王品
企劃經理：楊金燕
行政編輯：江雯婷
美術設計：雅堂設計工作室

策劃：李仁芳
發行人：王榮文
出版‧發行：遠流出版事業股份有限公司
地址：台北市南昌路二段 81 號 6 樓
電話：（02）2392-6899　傳真：（02）2392-6658
郵撥：0189456-1

著作權顧問：蕭雄淋律師
2012 年 3 月 6 日　初版一刷
2016 年 8 月 20 日　初版四刷
售價：新台幣 360 元（缺頁或破損的書，請寄回更換）
有著作權‧侵害必究 Printed in Taiwan
ISBN　978-957-32-6938-0
YLib—遠流博識網 http://www.ylib.com
E-mail:ylib@ylib.com